高职高专艺术设计专业规划教材·印刷

COLOR
MANAGEMENT
IN PRINTING

印刷色彩管理

金洪勇　雷沪　等编著

中国建筑工业出版社

图书在版编目（CIP）数据

印刷色彩管理 / 金洪勇，雷沪等编著. —北京：中国建筑工业
出版社，2014.10
高职高专艺术设计专业规划教材·印刷
ISBN 978-7-112-17224-5

I. ①印⋯ II. ①金⋯②雷⋯ III. ①印刷色彩学–高等职业教育–
教材 IV. ①TS801.3

中国版本图书馆CIP数据核字（2014）第203426号

本书为高职高专印刷专业规划教材，重点讲解印刷色彩管理的相关基础知识，包含颜色的描述与测量、图像颜色复制与管理方法、显示器的色彩管理、输入设备的色彩管理、输出设备的色彩管理、操作系统与应用软件的色彩管理等相关内容，可供高职高专印刷专业学生阅读学习，也可供印刷行业从业者阅读使用。

责任编辑：李东禧 唐 旭 陈仁杰 吴 绫
责任校对：李欣慰 党 蕾

高职高专艺术设计专业规划教材·印刷
印刷色彩管理
金洪勇 雷沪 等编著
*
中国建筑工业出版社出版、发行（北京西郊百万庄）
各地新华书店、建筑书店经销
北京嘉泰利德公司制版
北京盛通印刷股份有限公司印刷
*
开本：787×1092毫米 1/16 印张：7¼ 字数：167千字
2014年12月第一版 2014年12月第一次印刷
定价：**44.00元**
ISBN 978-7-112-17224-5
　　　（26004）

"高职高专艺术设计专业规划教材·印刷"
编委会

总　主　编：魏长增

副总主编：张玉忠

编　　　委：(按姓氏笔画排序)

万正刚　王　威　王丽娟　牛　津　白利波

兰　岚　石玉涛　孙文顺　刘俊亮　李　晨

李成龙　李晓娟　吴振兴　金洪勇　孟　婕

易艳明　高　杰　谌　骏　靳鹤琳　雷　沪

解　润　魏　真

序

　　2013年国家启动部分高校转型为应用型大学的工作，2014年教育部在工作要点中明确要求研究制订指导意见，启动实施国家和省级试点。部分高校向应用型大学转型发展已成为当前和今后一段时期教育领域综合改革、推进教育体系现代化的重要任务。作为应用型教育最基层的众多高职、高专院校也会受此次转型的影响，将会迎来一段既充满机遇又充满挑战的全新发展时期。

　　面对众多研究型高校转型为应用型大学，高职、高专作为职业技术的代表院校为了能够更好地迎接挑战，必须努力提高自身的教学水平，特别要继续巩固和加强对学生操作技能的培养特色。但是，当前职业技术院校艺术设计教学中教材建设滞后、数量不足、种类不多、质量不高的问题逐渐显露出来。很多职业院校艺术类教材只是对本科教材的简化，而且均以理论为主，几乎没有相关案例教学的内容。这是一个很大的问题，与当前学科发展和宏观教育发展方向是有出入的。因此，编写一套能够符合时代发展需要，真正体现高职、高专艺术设计教学重动手能力培养、重技能训练，同时兼顾理论教学，深入浅出、方便实用的系列教材就成为了当务之急。

　　本套教材的编写对于加快国内职业技术院校艺术类专业教材建设、提升各院校的教学水平有着重要的意义。一套高水平的高职、高专艺术类教材编写应该有别于普通本科院校教材。编写过程中应该重点突出实践部分，要有针对性，在实践中学习理论，避免过多的理论知识讲授。本套教材邀请了众多教学水平突出、实践经验丰富、专业实力雄厚的高职、高专从事艺术设计教学的一线教师参加编写。同时，还吸纳很多企业一线工作人员参加编写，这对增加教材的实用性和实效性将大有裨益。

　　本套教材在编写过程中力求将最新的观念和信息与传统知识相结合，增加全新案例的分析和经典案例的点评，从新时代的角度探讨了艺术设计及相关的概念、方法与理论。考虑到教学的实际需要，本套教材在知识结构的编排上力求做到循序渐进、由浅入深，通过大量的实际案例分析，使内容更加生动、易懂，具有深入浅出的特点。希望本套教材能够为相关专业的教师和学生提供帮助，同时也为从事此专业的从业人员提供一套较好的参考资料。

　　目前，国内高职、高专艺术类教材建设还处于起步阶段，还有大量的问题需要深入研究和探讨。由于时间紧迫和自身水平的限制，本套教材难免存在一些问题，希望广大同行和学生能够予以指正。

总主编　魏长增

2014年8月

前　言

　　色彩管理是一种将图像从源设备色彩空间转换到目标设备所支持的色彩空间的技术，它是从一种设备色彩空间中的颜色出发，结合该设备的色彩特性将其转换到设备无关的色空间PCS，然后结合目标设备的色彩特性，转换到目标设备色彩空间中，以保持不同设备之间色彩传递的一致性。随着色彩管理技术的日臻成熟，色彩管理技术已经广泛应用于现代印刷图像复制流程中，因而对于颜色复制工作者来说，掌握显示器、扫描仪、数码相机、打印机、数码打样设备，以及印刷设备的色彩管理方法，对颜色复制的整个工艺流程进行颜色控制，以保证颜色传递的一致性，显得尤为重要。近几年来，虽然有关色彩管理的教材比较多，但能够体现现代职业教育特色的教材却寥寥无几，它们多为本科教材，教材内容强调知识的系统性，理论知识所占比例很重，实践内容比例偏轻，而且这些教材的文字内容很多，所配的图片较少，不便于高职学生阅读，也不利于高职学生理解和掌握，使很多使用这些教材的高职学生产生了畏难情绪，影响了学习积极性和效果。有鉴于此，编著者在结合多年的色彩管理实践，以及职业教育教学改革实践的基础上编写了这本教材。

　　行动导向教学是现代职业教育的一种新教学模式，它注重对学生分析问题、解决问题能力的培养，通过引导学生完成一系列具体的工作任务，使学生学习专业知识和技能，从而实现教学目标。为了适应现代职业教育行动导向教学的要求，本教材的编写打破了传统的理论和实践知识分开的编写方式，将理论和技能操作融为一体，以项目为导向，以任务为载体，教材内容组织充分体现"教学做一体化"的现代职业教育特点。

　　在教材内容组织上，减少了过多的理论知识，强调实用、够用，每个项目的知识点均围绕实际应用来组织安排，突出对学生职业应用能力的培养，但也不忽视培养应用能力方面所必需的理论知识。

　　在教材文字表述上采用通俗易懂、简练的语言，并配有大量的图片，力求做到图文并茂，在讲清楚基本概念时尽量不出现繁琐枯燥的专业术语，以便于学生理解和掌握。

　　在本教材编写过程中，金洪勇与易艳明负责教材的整体设计与项目安排，金洪勇担任总撰稿负责了本书六个项目的撰写工作，共计13.7万字；雷沪参与了项目二和项目三的撰写与校对工作，共计2万字；王丽娟参与了项目一的撰写与校对工作，共计1万字。

　　由于编者水平有限，书中若有疏漏或不妥之处，敬请各位同仁批评指正。

目　录

概　述

　　在印刷颜色复制过程中，由于不同的设备具有不同的表现颜色的方式和能力，不同的扫描仪或数码相机在获取同一幅图像时会出现差别，不同的打印机打印同一数字文件时，输出的效果也不一样。因此，我们要认识到设备在表现颜色时的可变性，并进行补偿，色域就是这种可变性中的一个重要问题，色域是指一台设备所能表现的颜色范围，目前，还没有一台设备能表现出人眼所能看见的所有颜色，一般来说，显示器可以显示出较大范围的颜色，但打印机却不能打印出所有这些颜色，如图 0-1 所示，这样一些能在显示器上显示的颜色，打印机却打印不出来，这就导致了显示图像和印刷图像的误差。因此，如果没有一套科学的色彩控制方法，同一图像通过不同的设备来再现时必然会产生不同的复制效果。为了实现不同设备之间的颜色匹配，并最终达到原稿与印刷品的颜色一致，人们建立了一套贯穿于整个颜色复制流程的可靠的色彩管理系统。

　　色彩管理系统通过数字来描述颜色，采用测量仪器获取每一台设备的颜色响应特性，并记录在具有标准文件格式的特性文件中，每台设备的特性文件都提供了该设备和一个公共颜

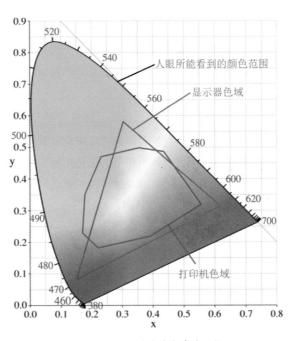

图 0-1　显示器与打印机色域比较

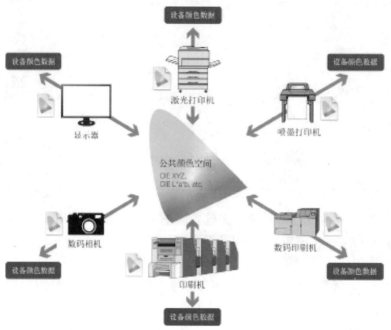

图 0-2 色彩管理系统

色空间之间的颜色转换机制，公共颜色空间是与设备无关的，它就像一个精通多国语言的"翻译工作者"，将一台设备的颜色数据准确地"翻译"给另一台设备，如图 0-2 所示，从而可以在不同设备上得到可预知的颜色效果，实现整个颜色复制系统中色彩传递的一致性。目前，色彩管理系统已普遍应用于印刷颜色复制流程中的扫描、屏幕显示、数码打样、印刷输出等诸多环节，以及图像处理软件（如 PhotoShop）、操作系统（如 Mac 的 ColorSync，Windows XP 的 ICM）中，在印刷品质量控制过程中扮演着重要的角色。

由于整个印刷颜色复制过程中的可变因素非常多，要真正利用色彩管理系统控制好印刷过程中千变万化的颜色并不是件容易的事，这需要我们必须严格做好印刷过程的标准化、规范化和数字化作业管理。

印刷过程的标准化要求我们制定印刷材料的标准、测量仪器的标准、观察条件的标准、设备正常工作状态的标准，并形成管理文件，严格执行；印刷过程的规范化需要我们制定从图像输入、印版制作、数码打样到印刷生产各个环节的工艺规范；印刷过程的数据化需要我们在生产各环节中可以用数据描述的地方，通过测试手段，总结归纳出能够确保印刷质量的数据。可以说，采用标准化、规范化、数据化的作业管理，是做好色彩管理的前提和基础，只有具备这个前提条件，我们才能稳定影响颜色复制效果的各项工艺条件，建立能够准确描述各工序设备颜色特征的特性文件，并通过色彩空间的转换，达到色彩还原的一致性。

但我们也需要清醒地认识到，我们现在所用的色彩管理系统并不是万能的，并不是我们拥有了它就可以实现"所见即所得"，轻松自如地印刷出高品质的印刷品。色彩管理的成功实施不仅要求我们掌握扎实的色彩理论知识，还需要我们不断地去实践，并在实践中不断总结经验。

项目一　颜色的描述与测量

项目任务

1）用分光密度计测量印刷品的实地密度、网点增大量、印刷反差和印刷叠印率；

2）用分光光度计测量颜色的 l*、a*、b* 值，并测量两颜色之间的色差。

重点与难点

1）如何利用分光密度计测量印刷过程控制参数；

2）如何利用分光光度计测量颜色色差。

建议学时

10 学时。

1.1　用数字描述颜色

在印刷企业中，颜色复制工作者每天都要处理大量的彩色原稿，并用多种彩色油墨通过印刷设备在纸张或其他承印物上还原原稿的颜色。因此，需要有一种能为大家所熟悉的、标准的、科学的颜色描述方法来准确描述颜色，以便在印刷行业内以及其他相关行业之间进行准确的颜色交流，而且在国际交往中，也需要这样一种公认的、不受时间和空间影响的颜色语言和规范。

为了准确地用数字描述自然界中的颜色，人们做了大量的颜色匹配实验，如图 1-1 所示，将红、绿和蓝三种原色光放在白色屏幕的上半部，并使它们照射在白色屏幕的同一位置上，光线经过屏幕的反射而达到混合，混合后的光线作用到人眼的视网膜上便产生一个新的颜色。将被匹配色灯光放在白色屏幕上的下方，待匹配色光照射在白色屏幕的下半部，白色屏幕的上下两部分用一黑挡屏隔开，由白屏幕反射出来的光通过小孔到达右方观察者的眼睛，人眼看到的视场如图 1-1 所示。

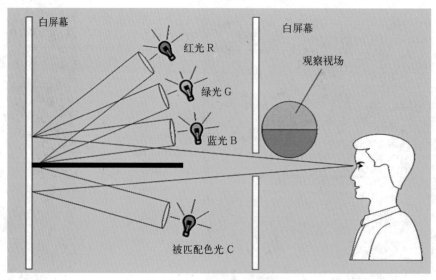

图 1-1　颜色匹配实验

　　进行颜色匹配实验时，调节三原色灯光的强度比例，便产生看起来与另一侧颜色相同的混合色。若要匹配从蓝到绿的各种颜色，可关掉红原色光，只变化蓝和绿原色光的比例，便能产生绿、蓝绿、青、蓝一系列的颜色。关掉绿原色光，只改变红和蓝原色光的比例，可以产生红、品红、蓝各种颜色。关掉蓝原色光，用红和绿原色光可以产生红、橙、黄、绿各种颜色。若同时开亮三原色光，则混合出的颜色便不够饱和。当三原色灯光取适当比例时，还可匹配出非彩色的白光。

　　颜色工作者进行的大量颜色匹配实验结果表明，利用红、绿、蓝三色光可混合匹配出自然界中所有的颜色，因此，任何颜色都可以用匹配出该颜色所需红、绿、蓝三种色光的量表示出来，即可用数学的形式进行描述，我们以（C）代表被匹配的颜色，以（R）、（G）、（B）分别代表产生混合色的红、绿、蓝三原色，并以 R、G、B 分别代表红、绿、蓝三原色的数量，称为三刺激值，则被匹配颜色可以通过颜色方程表示为：

$$(C) \equiv R(R) + G(G) + B(B) \tag{1-1}$$

式中　"≡"表示匹配，即视觉上相等。

　　1931 年国际照明委员会（CIE）综合了颜色匹配的结果，推荐了"1931CIE RGB 系统标准色度观察者光谱三刺激值"，简称"1931CIE RGB 系统标准观察者"，图 1-2 为光谱三刺激值曲线。

　　CIE 1931 RGB 系统的光谱三刺激值是通过实验得出的，本来可以用于色度学计算，表示颜色，但由于三刺激值出现负值，计算起来很不方便，而且不好理解。1931 年 CIE 又推荐了一个新的国际色度学系统——CIE 1931 XYZ 系统，在 CIE 1931 XYZ 系统中，将用来匹配等能光谱的（X）、（Y）、（Z）三原色数量叫做"CIE 1931 标准色度观察者光谱三刺激值"，也叫做"CIE 1931 标准色度观察者颜色匹配函数"，简称"CIE 1931 标准观察者"，图 1-3 为 CIE 1931 XYZ 光谱三刺激值曲线。

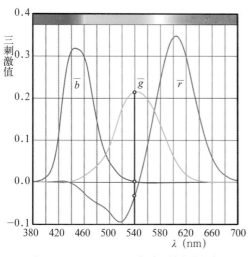

图 1-2　CIE 1931 RGB 光谱三刺激值曲线

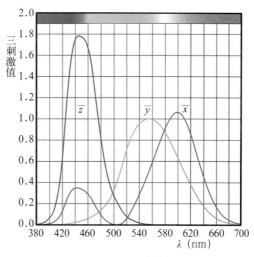

图 1-3　CIE 1931 XYZ 光谱三刺激值曲线

CIE 1931 XYZ 系统是现代颜色测量的基础，可以利用它提供的三刺激值 X、Y、Z 来确定任意一个颜色，其中 Y 代表亮度，而由 X、Y、Z 计算出来的色度坐标 x、y、z 可以与颜色视觉属性的色相和饱和度联系起来，x、y、z 的计算公式如下：

$$x=\frac{X}{X+Y+Z}$$

$$y=\frac{Y}{X+Y+Z}$$

$$z=\frac{Z}{X+Y+Z}=1-x-y \qquad (1-2)$$

利用颜色的 x、y 坐标可以绘制出 CIE 1931 XYZ 色度图，如图 1-4 所示，图中的近似马蹄形的轨迹代表了可见光的色域，但是色度图只能表示颜色的色相和饱和度，不能表示颜色的明度，要唯一的表示一种颜色，除了 x、y 值外，还必须知道它的 Y 值。

由于 CIE 1931 XYZ 色度图只能描述颜色的色相和饱和度，而且它不能用来表示颜色之间的差别，而在颜色复制过程中，我们经常要通过测量复制品与原稿的颜色差别来检测颜色复制的准确性。因此，在 1976 年，CIE 又推荐了 CIE 1976 L*a*b* 颜色空间，如图 1-5 所示，在这个颜色空间里，$+a^*$ 表示红色，$-a^*$ 表示绿色，$+b^*$ 表示黄色，$-b^*$ 表示蓝色，颜色的明度由 L^* 的百分数来表示。其计算公式如下：

$$L^*=116\left(Y/Y_0\right)^{1/3}-16$$

$$a^*=500\left[\left(X/X_0\right)^{1/3}-\left(Y/Y_0\right)^{\frac{1}{3}}\right]$$

$$b^*=200\left[\left(Y/Y_0\right)^{1/3}-\left(Z/Z_0\right)^{\frac{1}{3}}\right] \qquad (1-3)$$

式中 X、Y、Z 表示颜色样品的三刺激值；

X_0、Y_0、Z_0 表示 CIE 标准照明体的三刺激值。

CIE 1976 L*a*b* 颜色空间既能描述颜色的明度，也可以描述颜色的色度，在这一颜色空间里，任意一个颜色都有唯一与之对应的一组 L^*、a^*、b^* 值，而且，还可以利用空间中两个颜色的距离来描述这两个颜色之间的差别，如图 1-6 所示，其色差计算公式如下：

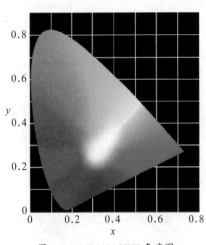

图 1-4 CIE 1931 XYZ 色度图

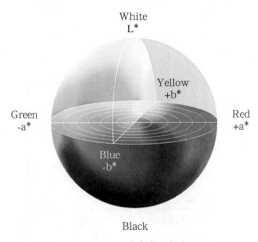

图 1-5 CIE L*a*b* 颜色空间

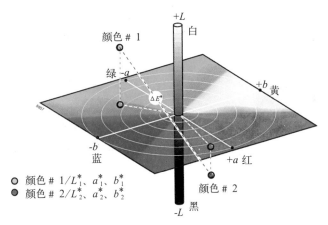

图 1-6　色差计算

明度差：$\Delta L^* = L_1^* - L_2^*$

色度差：$\Delta a^* = a_1^* - a_2^*$，$\Delta b^* = b_1^* - b_2^*$

总色差：$\Delta E_{ab}^* = \sqrt{(\Delta L^*)^2 + (\Delta a^*)^2 + (\Delta b^*)^2}$　　　　　　　　　　（1-4）

1.2　印刷图像复制过程中的颜色描述方法

现代印刷图像复制技术已经进入了数字时代，原稿的图像需要通过扫描仪或数码相机转换成数字图像输入到计算机中，然后通过图像处理软件按印刷输出的要求进行相关处理。输入到计算机中的数字图像是由一个个像素构成的，计算机通过描述每一个像素的颜色来描述整幅图像的颜色。在计算机中，每一个像素的颜色值由几个通道的数据组成，而每一个通道又被分割为不同的阶调等级。描述每一个像素颜色的通道可以是一个、两个、三个或四个，我们将计算机中用来描述数字图像颜色的模型称为色彩模式。在计算机中，常用来描述数字图像颜色的色彩模式有 RGB 色彩模式、CMYK 色彩模式、Lab 色彩模式和 HSB 色彩模式等。

1.2.1　RGB 色彩模式

RGB 色彩模式是建立在色光加色法和颜色匹配理论的基础之上的，自然界中的所有颜色都可用红、绿、蓝三种基本颜色混合而成。RGB 色彩模式有三个通道，图像中每一个像素的颜色都有 R、G、B 三个值，如图 1-7 所示，而且每个值都可以在 0~255 之间变化，即每个通道的颜色分为 256 个等级。当某个像素的 RGB 值为 255、255、255 时，该像素的颜色为白色；当其 RGB 值为 0、0、0 时，为黑色；当其 RGB 值为 255、0、0 时，为红色；RGB 值为 0、255、0 时，为绿色；RGB 值为 0、0、255 时，为蓝色。由于 R、G、B 的值都分为 256 个等级，所以 RGB 色彩模式可以描述的颜色有 $256 \times 256 \times 256 = 2^{24}$ 种。

RGB 色彩模式是数字图像处理中最常用的色彩模式，但需要注意的是，RGB 色彩模式是一个与设备相关的色彩模式，因为由一组给定的 RGB 值所获得的颜色感觉，取决于复制这个颜色的设备，也就是说同一组 RGB 值，当用不同的设备复制时，会产生不同的颜色效果。例

图 1-7　RGB 色彩模式描述图像颜色　　　　　　图 1-8　CMYK 色彩模式描述图像颜色

如，同样一组 RGB 值，采用不同的显示器显示时，可能由于不同显示器的颜色响应特性不同，而产生不同的显示效果。因此，当使用 RGB 色彩模式处理图像时，需要做好色彩管理，以保证颜色复制的准确性。

1.2.2　CMYK 色彩模式

CMYK 色彩模式是建立在色料减色法的理论基础之上的，它与四色印刷原理一致。CMYK 色彩模式有四个颜色通道，每个颜色通道的颜色值表示网点百分比，可在 0%~100% 之间变化，网点百分比越高,颜色越暗,网点百分比越低,则颜色越亮,当网点百分比为 0 时,称作为"绝网"，即没有油墨,表现的颜色为承印物的颜色,如纸张的白色,当网点百分比为 100% 时,表示实地。图像中每一个像素的颜色有四个值，分别对应复制这一颜色所需要的青、品、黄、黑四色的网点百分比，如图 1-8 所示。当某一个像素的 CMYK 值为 C：100%，M：100%，Y：0%，K：0% 时，该像素的颜色为蓝色；若某一个像素的 CMYK 值为 C：100%，M：100%，Y：100%，K：0% 时，该像素的颜色为黑色；若某一个像素的 CMYK 值为 C：0%，M：0%，Y：0%，K：0% 时，该像素的颜色为白色；若某一个像素的 CMYK 值为 C：0%，M：0%，Y：100%，K：0% 时，该像素颜色则为黄色。由于 C、M、Y、K 都分为 101 级，所以 CMYK 色彩模式可以描述 $101 \times 101 \times 101 \times 101 = 10^{14}$ 种颜色，但实际上并没有这么多种颜色，因为，其中很多颜色是相同的。

CMYK 色彩模式是颜色复制过程中用于图像输出的色彩模式，任何图像处理完后要进行输出时，都必须将图像色彩模式转换为 CMYK 色彩模式，否则将无法输出。但与 RGB 色彩模式一样，CMYK 色彩模式也是一个与设备相关的色彩模式。由一组给定的 CMYK 值所获得的颜色感觉，取决于输出这个颜色的设备，也就是说同一组 CMYK 值，当用不同的设备输出时，会产生不同的颜色效果。在颜色复制过程中，我们经常会遇到这样的问题，同样一幅 CMYK 色彩模式的图像，分别采用不同的打印机和印刷机输出后，会产生明显不同的颜色效果，图 1-9 是在没有进行色彩管理时，同一图像在不同打印机和印刷机上的输出效果对比。这正是为什么要对颜色复制过程进行色彩管理的原因之一。

图 1-9　不同设备输出同一图像的效果

1.2.3　Lab 色彩模式

　　Lab 色彩模式是根据 CIE1976 L*a*b* 颜色空间建立的一种色彩模式。Lab 色彩模式有三个通道，对于图像中每一像素的颜色用 L、a、b 三个值来表示。其中，L 表示颜色的明度值，取值范围为 0~100，数值越大，颜色的明度越高，数值越小，颜色越暗；a 表示图像中像素的颜色含有多少红色或绿色的感觉，取值范围为 −128~127，a 值越大，颜色越偏红，a 值越小，颜色越偏绿；b 表示图像中像素的颜色含有多少黄色或蓝色

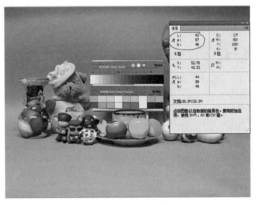

图 1-10　Lab 色彩模式描述图像颜色

感觉，取值范围也为 −128~127，b 值越大，颜色越偏黄，b 值越小，颜色越偏蓝，图 1-10 为 Lab 色彩模式的颜色模型。

　　Lab 色彩模式能描述所有我们能看到的颜色，与 RGB 色彩模式和 CMYK 色彩模式完全不同。在描述颜色时，RGB 和 CMYK 代表着各种着色剂的数量，如油墨、荧光粉，而 Lab 代表人们的视觉感受，而且它描述的颜色与人眼观看颜色的感觉一致，因此，它是与设备无关的色彩模式。换句话说，RGB 和 CMYK 色彩模式在描述颜色时，实际上是告诉设备复制出某一颜色需要使用多少着色剂，它们不会告诉我们设备响应后究竟会产生什么样的颜色感觉；而 Lab 色彩模式在描述颜色时，是告诉我们在某一限定的观察条件下，看到的颜色感觉是怎样的，但它不能告诉我们如何让一台特定的显示器、打印机或印刷机产生那种颜色感觉。因此，在

实际应用中，往往需要将 RGB 色彩模式、CMYK 色彩模式和 Lab 色彩模式结合起来使用，以便达到准确复制颜色的目的。

1.3　颜色的密度测量

自然界中物体的颜色都是由于物体对入射光进行吸收后，反射或透射的光作用于人眼引起的，物体吸收的入射光越多，作用于人眼的光就越少，物体的颜色感觉就越暗；反之，物体吸收的入射光越少，作用于人眼的光就越多，物体的颜色感觉就越明亮。为了描述颜色的深浅，人们引入了光学密度这个概念。光学密度是指以反射率或透射率的倒数以 10 为底的对数，通常用 D 表示。根据物体是透明体还是非透明体可以将光学密度分为透射密度 D_ρ 和反射密度 D_τ，可分别表示为：

$$D_\tau = \lg 1/\tau，\text{或者 } D_\rho = \lg 1/\rho \tag{1-5}$$

式中　τ 表示透射率，ρ 表示反射率。

在印刷复制过程中，光学密度是油墨、纸张和感光胶片等材料吸收光的量度，在印前工序，我们通过测量密度来检验感光胶片加工是否正确，印版质量是否符合印刷要求，在印刷环节，我们通过密度测量来控制最佳的印刷墨量。因此，在整个印刷品生产过程中，"密度"扮演着重要的角色，在现代印刷图像复制过程中，密度测量是一种非常有效的检测和控制印刷图像复制质量的手段。

1.3.1　密度测量几何条件

在印刷图像复制过程中，密度测量通常包括反射密度测量（印刷品）和透射密度测量（感光胶片），但进行密度测量时，测量条件非常重要，不同的测量条件得到的结果会有明显的差异，因此，为了保证测量结果的一致性，需要对测量条件进行规范。

1）透射密度测量几何条件

假设用透射密度计测量两个透射率为 1.0 的完全透明体 A 和 B，如图 1-11 所示，透明体 A 可以使定向光束产生漫射，而透明体 B 不能使定向光束在半空间范围内形成均匀的漫射。由于任何光通量测量仪都只能测量来自一定立体角度内的光通量，也就是说，只能测量一部分透射光量。所以，当入射光为定向光束时，在这两种情况下测得的透射密度值肯定是不相等的，A 的测量密度会大于 B，因为测量 A 时，仪器接受的光通量要比 B 小。而当入射光为漫射光时，那么透射光通量对于 A 和 B 来说，都是均匀分布在半空间内，即使测量仪器只能测量一定立体角内的光通量，但测量值是相等的。

因此，要保证具有相同透射率的不同

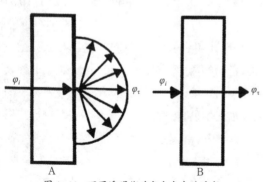

图 1-11　不同透明体对定向光束的透射

透明体的密度测量值一致，透射密度测量的几何条件应为：入射光束必须能从半空间体均匀地投射到被测量物体上，并且只测定垂直通过被测物体的光束。为了满足这一条件，透射密度计通常采用乌布利希球作为透射测量的器件,如图 1–12 所示,该球是一个空心的,且内涂无光白色硫酸钡，球面上有两个小孔，它们的轴心线在球心正交，两个小孔的总面积不超过球体内壁面积的 2%。

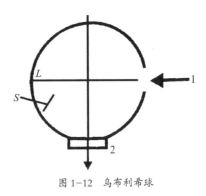

图 1–12 乌布利希球

平行光束通过小孔 1 进入球内，在球体内壁上形成光点 L，光点 L 再把光均匀反射到球体内壁上，被测试物体紧挨着小孔 2，为了防止小孔 2 接受来自光点 L 的直接反射光，需在光点 L 和小孔 2 之间加一块涂成无光白色的挡板 S，这样就能够保证被测物体上接受的光是来自半空间体的均匀的光照射。

2）反射密度测量几何条件

测量物体反射密度值时，结果与测量仪器的几何条件以及被测试物体表面的光泽性质有密切关系。图 1–13 表示了两种不同的测量几何条件，当测量镜面物体时，左边测量条件下，接收器件接收的光通量为最大，因为入射光在测量面发生全发射，而右边测量条件下，接收器件接受的光通量为 0。当测量无光白色表面物体时，因为入射光通量被均匀地漫反射在半空间范围内，所以两种测量条件下，接收器件接收的光通量相等。当测量具有一定光泽的白纸时，白纸的反射特性介于前两种之间，左边接收器件接收的光是漫反射和全反射之和，而右边接收器件只包含漫反射，因此，左边接收器接收的光通量大于右边的接收器。

在测量物体颜色的反射密度时，为了避免物体表面反射的干扰，通常采用 45°/0°（45°照明，0°观测）和 0°/45°（0°照明，45°观测）两种几何条件，如图 1–14 所示。

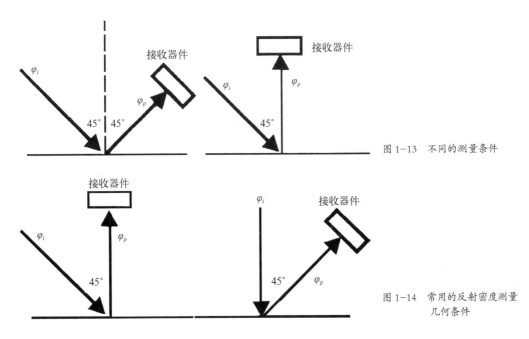

图 1–13 不同的测量条件

图 1–14 常用的反射密度测量
几何条件

1.3.2 密度测量原理

密度测量结果是由被测样品吸收的光量大小来决定的，但实际测量中，密度计并不直接测量样品所吸收的光量，而是先测量从样品反射回来的光，然后将其与参考标准进行比较。图 1-15 为密度计的工作原理，在光电探测器前面分别放置红、绿、蓝三种滤色片，用来分别透过红光、绿光和蓝光。由于青、品红和黄油墨分别吸收红、绿、蓝光，测量经过油墨吸收后剩余的红、绿、蓝光量，就可以得到油墨的密度值。其中的偏振滤色镜是用来避免测量到表面反射光，通常情况下，光是没有偏振性的，但偏振滤色镜可以使光在一个平面上振荡，图中的第一个偏振滤色镜使光源中的光偏振化，偏振化后的光从被测量物体表面反射回来时，会保证其偏振性，由于第二个偏振滤色镜的偏振方向与第一个垂直，所以表面反射的光无法通过第二个偏振滤色片，让光电探测器接收到，而通过油墨层的光将失去它的偏振性，当经过油墨后反射回来时，它能穿过第二个偏振滤色镜到达光电探测器。在印刷品密度测量过程中，由于湿墨层和干墨层表面反射出来的光是不同的，利用带偏振滤色镜的密度计可以保证无论油墨是干还是湿，测量的密度值是相同的。

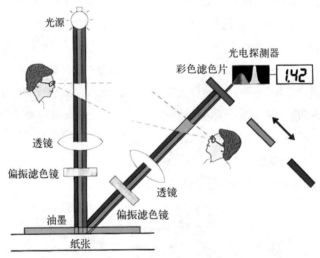

图 1-15　密度计工作原理

1.3.3 密度测量检测墨层厚度

在印刷过程中，密度测量是检测与控制印刷墨层厚度的最有效方法，如图 1-16 所示，密度与墨层厚度在某个范围内成比例增加，但是超过这个范围后，随着墨层厚度的增加，密度不再增加。图 1-17 表示了墨层厚度与黄、品红、青和黑四色油墨密度之间的关系，墨层厚度与密度并不是纯粹的线性关系，但当墨层厚度低于 1.2um 时线性关系还是成立的。在平版印刷中，各色油墨的墨层厚度一般在 1um 左右，当墨层厚度在 2um 左右时，曲线趋于平坦，这时便是最大密度值，即使再增加墨层厚度，密度值也不增加。

用密度测量法检测墨层厚度是通过测量测控条上的实地密度来实现的，为了控制多个墨区的墨层厚度，测控条中应包含每一色的多个实地色块，并以控制条的长度为间距进行重复排列，如图 1-18 所示。

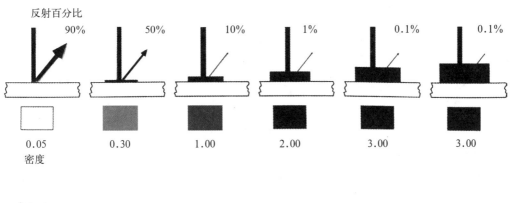

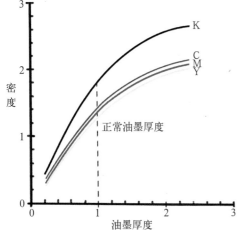

图 1-16
图 1-17
图 1-18

图 1-16　墨层厚度与密度的关系
图 1-17　CMYK 墨层厚度与密度的关系
图 1-18　印刷测控条

1.3.4　密度测量检测网点增大量

网点面积率是指在单位面积内油墨所占面积的比例，通常用 a 表示。根据 Marry-Davies 公式，网点面积率可表示为：

$$a = \frac{1-10^{-(D_t/n)}}{1-10^{-(D_s/n)}} \times 100\% \qquad (1-6)$$

式中　n 为光学网点增大修正系数；

D_t 表示网目调区域的密度；

D_s 表示实地密度。

从网点面积率计算公式可以看出，测量网点面积率需要一个实地区域和被测量的网目调区域，首先需要测量实地和网目调区域的密度值，然后利用公式（1-6）进行计算。

测量出网点面积率后，检测印刷过程中的网点增大量就比较简单了。一般来说，网点增大量等于印刷品上的网点面积值减去胶片上的网点面积值或数据文件中的网点面积值所得之差。例如，如果胶片上 50% 的网点，在纸张上印刷得到的网点面积为 74%，那么网点的增大量即为 24%，如图 1-19 所示。

当使用布鲁纳尔测控条作为检测工具时，测量网点增大量，只需测量网点面积为 50% 细网段和粗网段的密度，如图 1-20 所示，取细网与粗网的密度之差，即可计算出网点增大量：

$$网点增大量 =（细网段密度 - 粗网段密度）\times 100\%$$

例如：如果测得 50% 粗网密度值为 0.30，50% 细网密度值为 0.45，那么网点扩大值为：（0.45 - 0.30）×100%=15%

利用测控条测量网点增大量，往往只能测出印刷品在某一或两个阶调值的网点增大量，但如果是基于校正的目的，则需要测出整个阶调范围内的网点增大量，这就需要一个以 5% 或者 10% 递增的网目调梯尺，以印刷品上测得的各阶调值的网点面积率为纵坐标，胶片上各阶调网点面积率为横坐标，则可以绘制出一条印刷特性曲线，如图 1-21 所示，印刷品上各阶调的网点增大量则为左图中曲线与直线之间的差来确定，如果以网点增大量为纵坐标，胶片上各阶调网点面积率为横坐标，就可以绘制出网点增大曲线，这两条曲线常用于印前处理中进行网点补偿。

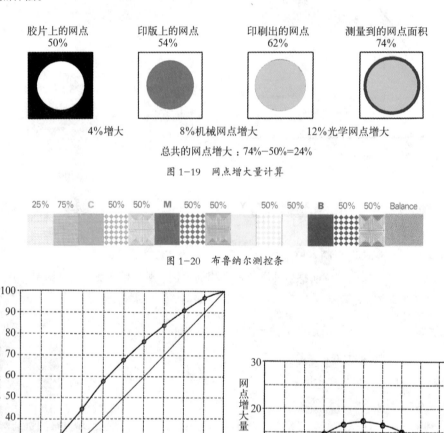

胶片上的网点 50%　印版上的网点 54%　印刷出的网点 62%　测量到的网点面积 74%

4%增大　　8%机械网点增大　　12%光学网点增大

总共的网点增大：74%-50%=24%

图 1-19　网点增大量计算

图 1-20　布鲁纳尔测控条

印刷网点面积（纵坐标）　胶片上的网点面积（横坐标）

网点增大量（纵坐标）　胶片上的网点面积（横坐标）

图 1-21　印刷特性曲线与网点增大曲线

1.3.5 密度测量检测印刷反差

在印刷过程中，印刷反差也是印刷过程控制的一个重要参数，通常用 K 表示，印刷反差既可以用来检测网点增大情况，也可以用来检测印刷图像的层次再现情况。用印刷反差来检测网点增大情况更加简单，可直接借助于实地密度和网目调密度计算得到，计算公式为：

$$K= \left(1- \frac{D_1}{D_s} \right) \times 100\% \qquad (1-7)$$

式中　D_1 表示实地密度；

　　　D_s 表示阶调的 3/4 处的密度，通常选择 75% 网点密度。

印刷反差值可直接反映实地块与网点块之间的层次等级，数值愈大，表明网点增大量愈小，在 75% 的阶调与实地之间层次变化等级越多，图像层次越丰富。

在实际生产中，印刷反差还可以用来确定最佳墨层厚度，图 1-22 为某一色版相对反差与墨层厚度的关系曲线，可以看出，当实地密度等于 1.5 时，印刷反差最大，如果印刷密度继续增加，印刷反差就会下降，网点增大严重，导致印刷图像暗调部分层次并级，因此，对该色版来说，实地密度达到 1.5 的墨层厚度是最佳的墨层厚度。

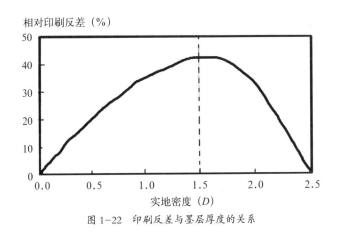

图 1-22　印刷反差与墨层厚度的关系

1.3.6 密度测量检测叠印率

在彩色印刷中，印刷叠印率是评价后印油墨在先印油墨上的转移效果的有效手段，它也是通过密度测量计算出来的，叠印率通常用 f 表示，其计算公式为：

$$f = \frac{D_{1+2}-D_1}{D_2} \times 100\% \qquad (1-8)$$

式中　D_{1+2} 表示用第二色滤色片测得的两色油墨叠印色块的总密度；

　　　D_1 为用第二色滤色片测得的第一色的实地密度；

　　　D_2 为用第二色滤色片测得的第二色的实地密度。

测量叠印率需要注意两个问题，首先要确定印刷的色序，即哪一色先印，哪一色后印；其次正确选择滤色片，计算公式中所有密度的测量都应该选择第二色的补色滤色片。

以图 1-23 为例，黄色油墨先印，青色油墨后印，用红色滤色片测得黄色油墨的密度值为 0.5，青色油墨的密度测量值为 1.3，青叠在黄上的叠印密度为 1.5，测叠印率可计算如下：

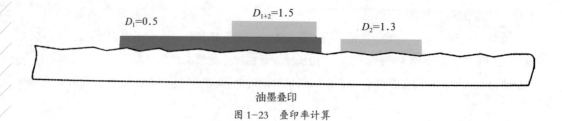

油墨叠印

图 1-23　叠印率计算

$$f = \frac{1.5-0.5}{1.3} \times 100\% = 77\%$$

叠印率数值越高，叠印效果就越好。在印刷过程中，经常会出现三种油墨叠印在一起，三色叠印的计算公式与两色叠印计算方法稍微有些不同，计算方法如下：

$$f = \frac{D_{1+2+3}-D_{1+2}}{D_3} \times 100\% \qquad (1-9)$$

式中　D_{1+2+3} 为用第三色的补色滤色片测得三色叠印的密度；

　　　D_{1+2} 为用第三色的补色滤色片测得的第一色和第二色的叠印密度；

　　　D_3 为用第三色的补色滤色片测得的第三色的实地密度。

1.4　颜色的色度测量

密度测量可以通过控制印刷的墨量、网点增大值和叠印率去控制印刷品质量，但却不能精确测量颜色，尤其在检测印刷品与原稿之间的颜色差别，以及印刷品之间的颜色差别等方面显得无能为力，而且，在色彩管理过程中，它不能作为制作设备特性文件的测量设备。因此，在印刷过程中要精确控制颜色，还必须借助于色度测量，色度测量既可以测量颜色的三刺激值，也可以用来测量颜色之间的色差，是现代印刷色彩管理过程中不可或缺的颜色控制手段。

1.4.1　色度测量几何条件

色度测量需要测量颜色样品在整个可见光谱范围内的反射率，CIE 规定了四种测量光谱反射率的几何条件，如图 1-24 所示。

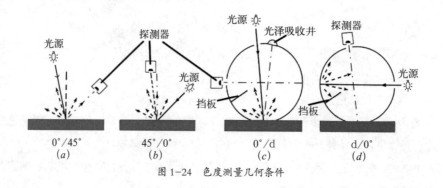

图 1-24　色度测量几何条件

（a）为光源垂直照射，45° 观测，要求照明光源的光轴和样品表面的法线之间的夹角不能超过 10°；（b）为光源 45° 照射，垂直观测，观测方向与样品表面的法线之间的夹角不超过 10°；（c）为光源垂直照射样品，照明光源的光轴与样品表面法线之间的夹角不超过 10°，样品反射光借助于积分球来聚集，挡板可防止探测器接受来自于样品表面的反射光；（d）用积分球照射样品，样品表面的法线与观测方向之间的夹角不超过 10°。

1.4.2　色度测量仪器

用于色度测量的仪器通常有两种类型：比色计和分光光度计。

比色计是一种质轻、体积小且相对比较便宜的颜色测量设备。目前在色彩管理中主要作用是制作显示器的特性文件，如图 1-25 所示，比色计有三种滤色片，每一滤色片后面有一个小的光电探测器，通常用的是光电二极管，比色计有个重要的特点是它的响应特性与 CIE 观察者一致，因此比色计可直接用来测量 X、Y、Z 值。但由于它与密度计类似，是采用三种滤色片来测量样品颜色，所以它不能测量整个光谱的反射率曲线，不能提供完整的整个光谱反射率曲线。

与比色计不同的是，分光光度计可利用衍射光栅分离出组成光谱的各单色光，如图 1-26 所示，光线被散射后成彩虹颜色，散射的光被光电探测器接受，从而可以测量出每一波长的光量。分光光度计已成为色彩管理中测量设备的最佳选择。

因为可以测量样品的光谱，分光光度计可以全面的测量出一个颜色。测量的光谱范围通常为 380 ～ 780nm，利用样品在整个光谱范围内的反射率，分光光度计可以计算得到 X、Y、Z 和其他色度值，但对于色彩管理来说一般只有 X、Y、Z 和 L、A、B 值有用。

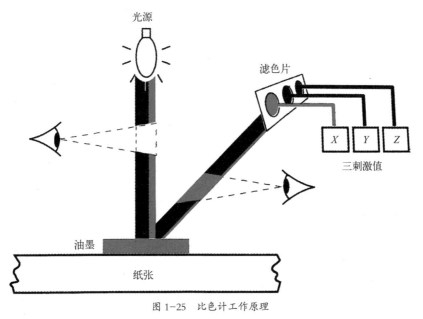

图 1-25　比色计工作原理

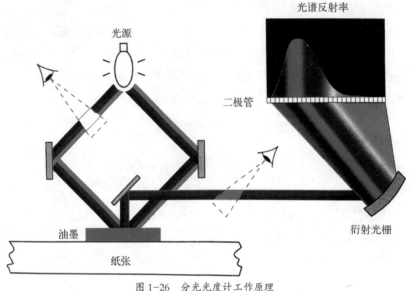

图 1-26 分光光度计工作原理

1.4.3 三刺激值与色差测量

利用分光光度计测量颜色样品的三刺激值时，实际上测得的数据是样品的光谱反射率，然后利用下面的公式计算出颜色样品的三刺激值：

$$X = k \sum_{\lambda} \rho(\lambda) S(\lambda) \overline{X}(\lambda) \Delta\lambda$$

$$Y = k \sum_{\lambda} \rho(\lambda) S(\lambda) \overline{Y}(\lambda) \Delta\lambda$$

$$Z = k \sum_{\lambda} \rho(\lambda) S(\lambda) \overline{Z}(\lambda) \Delta\lambda \qquad (1-10)$$

其中 k 为常数，$\rho(\lambda)$ 为光谱反射率，$S(\lambda)$ 为光源的相对光谱功率分布，$\overline{X}(\lambda)$、$\overline{Y}(\lambda)$、$\overline{Z}(\lambda)$ 为 CIE 标准色度观察者三刺激值。

计算出颜色样品的 X、Y、Z 三刺激值后，可以进一步利用公式（1-3）和（1-4）计算颜色样品的 L^*、a^*、b^* 值，以及色差值 ΔE，然而在实际测量过程中，分光光度计都会自动完成这些计算，并直接将计算结果显示出来。

项目小结

本项目主要介绍了在具体印刷生产过程中描述颜色的方法，并详细介绍了密度测量与色度测量的几何条件和工作原理，以及印刷密度、印刷反差、网点增大量、叠印率、色差等质量控制参数的测量方法。

课后练习

1）用分光密度计测量某一测试样张上的印刷实地密度、网点增大量、印刷相对反差、叠印率等质量控制参数。

2）用分光光度计测量印刷品与原稿之间的色差以及样张之间的色差。

项目二　图像颜色复制与管理方法

项目任务

1）分别利用 GCR 工艺和 UCR 工艺将一幅 RGB 模式图像转换为 CMYK 模式的图像，并分析每一通道的颜色信息；

2）描述对印刷颜色复制过程进行色彩管理的基本流程，以及需要做哪些准备工作。

重点与难点

1）颜色分解的原理；

2）黑版的生成；

3）色彩管理的基本原理。

建议学时

8 学时。

在图像复制过程中，对原稿的复制实际上是对原稿上各种颜色的复制，因为原稿上所有的图像、图形和文字都是通过不同的颜色来表现的。而颜色的复制过程又可以分为颜色的分解、颜色的传递和颜色的合成三个阶段。颜色的分解就是利用照相或扫描技术将原稿上的颜色信息分解为红、绿、蓝三种颜色信息，然后转换为黄、品红、青、黑四种颜色信息，形成各自在画面上分布情况的单色影像；颜色的传递是利用激光照排机或者计算机直接制版机将黄、品红、青、黑四种单色影像以网点的形式成像在菲林片或者印版上；颜色的合成则是利用印版将黄、品红、青、黑四色油墨印刷在承印物上，再现原稿的颜色。

2.1　颜色的分解

2.1.1　分色原理

在图像复制中，原稿上的颜色可能有成千上万种，而印刷过程则是利用黄、品红、青、黑四种油墨按不同比例组合来再现原稿的颜色，因此，要把原稿上那么多的颜色准确再现出来，就必须将原稿的颜色分解为代表青、品红、黄和黑色等四种油墨量大小的影像信息。

在现代数字化印刷工艺流程中，原稿颜色的分解就是利用扫描仪将原稿图像信息转换为红、绿、蓝三个通道的单色信息，得到 RGB 色彩模式的数字图像，然后在 PhotoShop 中将图像的色彩模式转换成 CMYK 模式，软件就自动将图像分解为印刷的黄、品红、青和黑四个通道，输出时就得到印刷的黄、品、青和黑四块色版，如图 2-1 所示；而对于数字原稿来说，则只需直接在 PhotoShop 中将图像由 RGB 色彩模式转换成 CMYK 模式。分色处理过程似乎非常简单，但实际上却是一个非常复杂的过程，涉及大量的计算，只是这些计算完全由计算机来执行，我们感觉不到而已，而且要获得正确的分色结果，我们必须在转换前进行正确的分色设置，这就要求我们掌握颜色分解的基本原理，而现代数字分色原理实际上是在过去的照相分色原理基础上发展而来的。

照相分色的依据是利用物体色与色光三原色的关系，在理想状态下，白光完全反射所有色光；青色完全吸收红光，完全反射绿光和蓝光；品红完全吸收绿光，完全反射红光、蓝光；黄色完全吸收蓝光，完全反射红光和绿光，如图 2-2 所示。由此可以推断出如下规律：

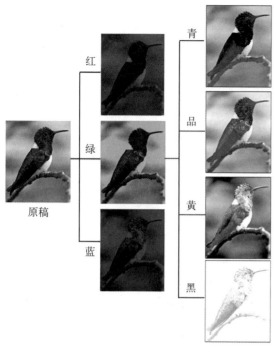

图 2-1 原稿分色过程

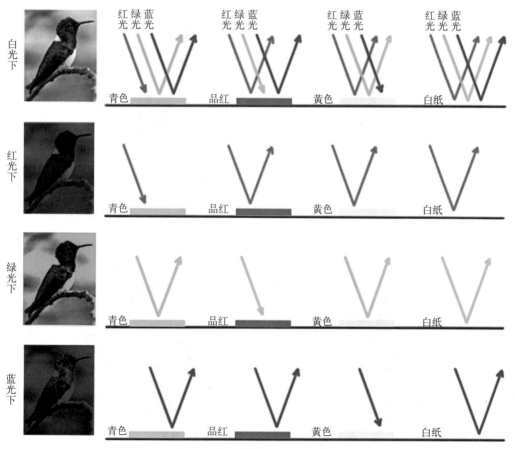

图 2-2 物理色与色光三原色的关系

在白光下，青色、品红色、黄色和白纸是不同的；

在红光下，品红色、黄色与白纸没有差别，变黑的是青色；

在绿光下，青色、黄色与白纸没有差别，变黑的是品红色；

在蓝光下，品红色、青色与白纸没有差别，变黑的是黄色；

根据物理色与色光三原色的关系，用红光照射原稿时，画面成为红——黑色调，黑的部分基本上就是将来印刷时青油墨的分布，因为青油墨会吸收红光，所以呈现黑色，如图 2-3 所示。同理，用绿光照射原稿时，基本上可以看到品红油墨的分布，用蓝光照射原稿时，基本上可以看到黄油墨的分布。

因此，分色时用红光可以分出青版，用绿光可以分出品红版，用蓝光可以分出黄版。在实际照相分色过程中，是利用红、绿、蓝三种滤色片来实现颜色的分解的。青版、品红版和黄版分出来后，需要利用制版照相机记录在胶片上，胶片上得到的影像是黑白颠倒的，受光多的地方银盐分解多，显影、冲洗后形成较大密度的银粒，较黑；受光少的地方显影冲洗后较透明，因此，原稿上越亮的地方在胶片上越暗，原稿上越暗的地方在胶片上越透明，这种胶片叫"阴片"，然后以阴片为原稿，进行翻拍，黑白再次颠倒，就可以得到与原稿明暗一致的胶片，称为"阳片"，如图 2-4 所示。

图 2-3　原稿在不同色光照射下的呈色效果

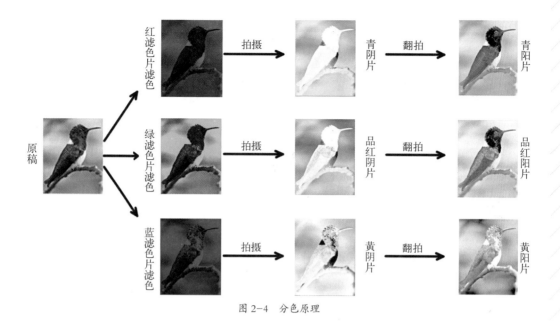

图 2-4 分色原理

从图 2-4 可以看出，利用红、绿、蓝三种滤色片，无论原稿上的颜色多么复杂，都可以将其分解为青、品红和黄三色版的分色片。

2.1.2 黑版的生成

由于黄、品红和青三种油墨很难叠印出很深的颜色，因此，在实际生产中，通常是采用黄、品红、青和黑四色油墨来再现原稿颜色的。因此，在对原稿进行分色的时候还必须设法从原稿中分出黑来，以改善原稿图像中暗调的再现效果。但分出黑色后，如果不减少彩色油墨，印刷的时候总墨量就会过大，使印刷品难以干燥，造成很多问题。因此，在黑版生成时，还需要减少较暗的颜色中黄、品和青的含量。

在照相分色制版中为了生成黑版，可以用三原色光轮流照射原稿，拍摄阴片，如图 2-5 所示。

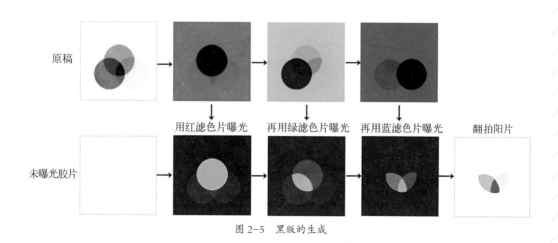

图 2-5 黑版的生成

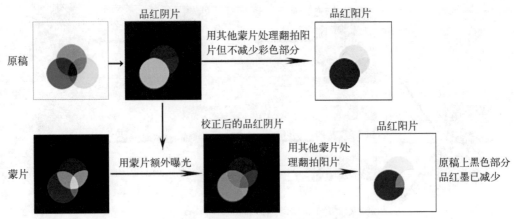

图 2-6　利用蒙片减少暗调中品红成分

　　要减少暗调中的彩色成分,可以用特制的蒙片取代原稿,让阴片额外曝光。这种蒙片叫"底色去除蒙片",对应与原稿中较暗的部位是透明的, 由此通过的光线让阴片上相应的部位额外曝光,密度增加,相应地,阳片上暗调的密度减小,这也就是减少了彩色油墨,如图 2-6 所示。

　　用照相的方法制作正确的黑版不仅费时费力,而且难于掌握。

　　在现代印刷图像复制中,制作黑版不用滤色片,方法极为简便,即用黄、品红、青三个色版的信息,准确地计算出原稿被扫描的每一个像素的正确黑版信号。通常以三种油墨的最小油墨量作为黑版的基本油墨量,再减去一定比例的三色最大油墨量与最小油墨量的差值,来制作最终的黑版,其计算公式如下:

$$K=S-1/k\,(L-S) \tag{2-1}$$

　　式中, L 代表三色油墨的最大值; S 代表三色油墨的最小值; k 代表可选定的一个比例常数; K 代表黑版油墨量。

　　这种计算黑版的方法,既可以保证只有复合色才有黑版量,纯色无黑版量,又可以保证具有相同最小油墨量,但饱和度不同的复合色,具有不同的黑版量。

　　例如,当 k 值取 5 时,由 80% 的青墨、90% 的品红墨以及 40% 的黄墨叠印出来的某一颜色,如果采用青、品红、黄和黑四色油墨印刷时,各色版的墨量可计算得青墨为 50%、品红墨为 60%、黄墨为 10%、黑墨为 30%,如图 2-7 所示。

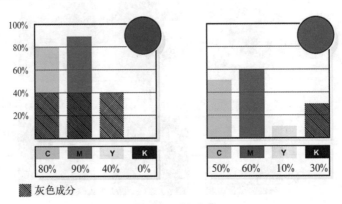

图 2-7　黑版计算

在实际印刷生产中，黑版的用量通常有三种类型：

短调黑版：只在暗调和较暗的中间调部分使用黑色油墨，适用于色调鲜艳的画面。

中调黑版：在整个中间调和暗调都使用黑色油墨，暗调的黑色油墨较多，但亮调和高光没有黑色油墨，大部分画面都采用这种方式。

长调黑版：高光、中间调和暗调均含有黑色油墨，这适用于老照片、素描、国画、水墨画等大量使用灰色的画面。

2.1.3 分色工艺

在现代印刷工艺中，针对黑版的计算通常有两种分色类型：UCR（UnderColor Removal，底色去除）与 GCR（Gray Component Replacement，灰成分替代）。

UCR 是指用黑油墨在图像的暗调接近于中性灰的部分代替一部分由彩色油墨形成的深颜色的印刷工艺。在理想状态下，UCR 工艺计算黑版的方法与前面介绍的黑版计算方法一样，但实际应用中，需要考虑所用原色油墨存在的偏色情况，因此需要借助于灰平衡数据，这样才能保证用黑墨取代彩色油墨后，不会引起图像颜色的变化。例如，假设在某种条件下，"C45%、M35%、Y35%"会产生与"K50%"相同的中性灰，那么采用 UCR 工艺，"C100%、M90%、C90%"这一颜色，可以用"C55%、M55%、C55%、K50%"来替代，如图 2-8 所示，这样替代后不会有颜色变化。

UCR 工艺只在图像的暗调部分起作用，例如"R34、G50、B45"这样的深颜色在 UCR 方式下转换成 CMYK 后会有黑色成分，但像"R126、G134、G120"这样的中间调颜色在 UCR 方式下转换成 CMYK 就不含黑色。在 PhotoShop 中选择 UCR 工艺时，可通过改变"黑色油墨限制"来控制黑版的墨量，如图 2-9 所示，"黑色油墨限制"设置的值越大，RGB 图像转换成 CMYK 后，暗调部分黑墨的量就越大。

GCR 是将图像中大部分有彩色油墨形成的中性灰的一部分或全部用黑色油墨来替代，如图 2-10 所示，与 UCR 一样，在替代过程中，也需要借助于灰平衡数据。GCR 对图像的中间调和暗调都起作用，中调、长调黑版都以这种方式产生，短调黑版也可以通过 GCR 来产生。

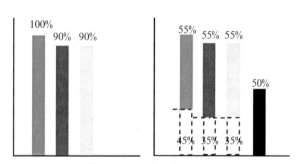

图 2-8 底色去除黑版计算

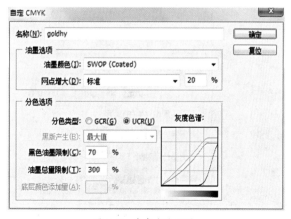

图 2-9 底色去除设置

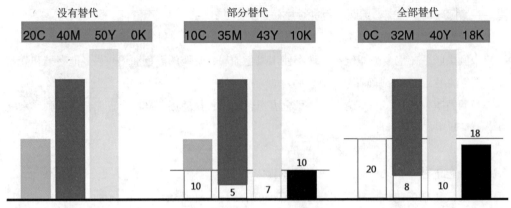

图 2-10 GCR 工艺

在 PhotoShop 中选择 GCR 工艺可以控制黑版的产生，如图 2-11 所示，在"黑版产生"下拉列表中，可以选择将多少中性灰替代为黑色，使用起来非常方便。比如在某种印刷条件下，"C45%、M35%、Y35%"、"C34%、M25%、Y25%"、"C12%、M8%、Y8%"可以印出三种中性灰，K50%、K40%、K15% 也可以印出这样的三种中性灰，那么 C65%、M35%、Y35% 这种颜色可以被替换成 C20%、K50%（把中性灰成分全部用黑色替代），也可以被替换成 C31%、M10%、Y10%、K40%，C53%、M27%、Y27%、K15% 等（把部分中性灰成分用黑色替代）。

为了防止用黑色完全替代彩色形成的灰成分后造成墨层单薄、色泽枯涩，使用 GCR 工艺时，还可以使用 UCA（Under Color Addition，底色增益），允许在图像暗调区加入部分彩色，它可以通过"底层颜色增加量"来进行设置，如图 2-12 所示，一般控制在 10% 以内。底色增益与底色去除功能相反，是增加暗调接近中性灰区域的彩色油墨量，作用区域与底色去除一样，以沿着颜色空间灰色轴线产生的效应最大。

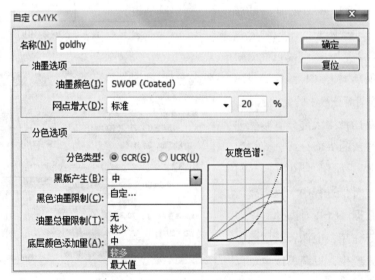

图 2-11 GCR 工艺的黑版设置

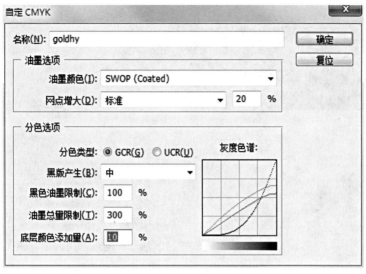

图 2-12　底色增益

2.2　颜色的传递

　　现代印刷技术是利用网点来再现原稿的颜色的，网点是印刷过程中能够接受油墨的最小单元，印刷复制就是通过网点面积大小或网点的疏密变化来控制四色油墨的墨量变化。因此，原稿上阶调连续变化的图像经颜色分解并转移到印版上后，将变成由单个离散的小网点组成的图像，印版上的影像从宏观上看是连续的，但放大后，这些小网点并不是连续的，如图 2-13 所示。

2.2.1　网点的类型

　　在印刷图像复制中有两种不同的网点形式，一种是调幅网点，另一种是调频网点。

　　调幅网点是指单位面积内网点的数量恒定不变，通过改变网点大小来表现原稿上图像的明暗层次。对应于原稿颜色深的部位，印刷品上网点面积大，接受的油墨量多；对应于原稿颜色浅的部位，在印刷品上网点面积小，接受的油墨量少，这样便通过网点的大小反映了图像的深浅，如图 2-14 所示。

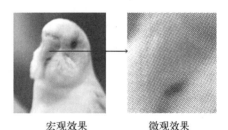

宏观效果　　　　微观效果

图 2-13　印版上的图像信息

图 2-14　调幅网点

图 2-15   调频网点

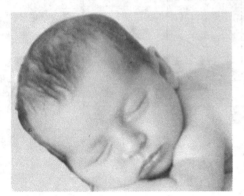

图 2-16   调频网点表现图像的阶调

调频网点是通过变化固定大小的网点的分布密度和分布频率来表现图像的阶调层次的，在单位面积内网点大小相同，但网点的疏密不同。如图 2-15 所示，网点密集的地方图像颜色深，表现为图像的暗调；网点稀疏的地方，图像颜色浅，表现为图像的亮调。由于调频网点在整个阶调内网点大小都一样，网点大小相当于调幅加网的 10% 的网点大小，在表现图像的高光部分时，容易显得有颗粒感，如图 2-16 所示，在图像中比较亮的地方可以看到很小的网点，因而影响图像的质量。

2.2.2   网点的生成

1）调幅网点的生成

调幅网点是以网点大小来表现图像阶调的，当输出设备如激光照排机、计算机直接制版机的分辨率远远高于图像分辨率时，1 个网目调单元可以利用 $N \times N$ 个曝光点来记录，这样每一个网目调单元都可以有（N^2+1）个不同的灰度级，每个曝光点是否曝光是采用数字式的阈值网屏与输入图像数据进行比较来决定的，图像信号大于阈值时曝光，数字加网阈值网屏在单元格内是规则排列的，从网格中心到边缘，阈值逐渐增大，因此，曝光后形成的网点是以中心为基础，以一定的形状向外扩展，形成最终的网点，如图 2-17 所示。

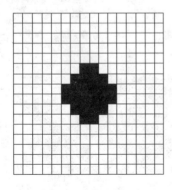 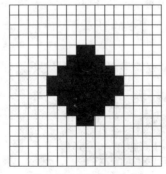 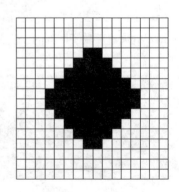

图 2-17   调幅网点生成

2）调频网点的生成

调频网点打破了调幅网点的规律性分布，利用单位面积内大小相同的网点出现的频率来表现图像的阶调变化，图像中的每一个像素可以独立地以离散的形式转变为网点，可以获得与设备分辨率相同的半色调图像。调频网点在生成时，先把网格单元分成若干个子网格，子网格的多少取决于输出图像的灰度级数，假设输出图像灰度级数为 64 级，则分为 64 个子网格。然后，根据图像灰度级，利用随机函数产生相对应个数的随机点，如图 2-18 所示，当图像灰度为 16 时，在 64 个子网格中会随机产生 16 个随机网点。

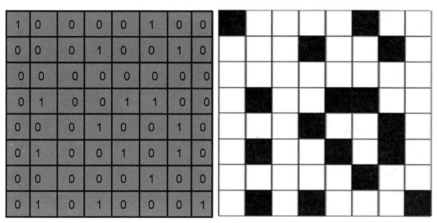

图 2-18　调频网点的生成

2.3　颜色的合成

原稿图像经过分色和加网制作出黄、品红、青和黑四色印版后，经过套印便复制出与原稿具有相同颜色的印刷品来，由于印版上的图像信息是由一个个细小的网点组成的，因此，印刷品上的颜色实际上是由不同颜色的网点以一定的形式组合形成的。四色网点有些叠合在一起，称为网点叠合，有的靠得很近，但并没有叠合，称为网点并列。

2.3.1　网点叠合呈色

假设品红色网点叠合在一个黄色网点上，当白光入射到品红网点与黄色网点的叠合层上，根据色料减色原理，上面的品红网点会吸收白光中的绿光，剩下的红光和蓝光透射到黄色网点上，黄色网点会吸收蓝光，结果只有红光能透射到白纸上并反射出来，进入人眼，使人产生红色感觉，所以，品红网点叠在黄色网点上产生红色。同理，品红网点叠在青色网点上产生蓝色，青网点叠在黄网点上产生绿色，黄、品红和青三色网点叠合在一起则产生黑色，如图 2-19 所示。

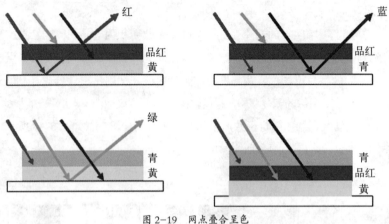

图 2-19　网点叠合呈色

2.3.2　网点并列呈色

网点并列呈色是指两种或两种以上的颜色网点既独立又相互靠近，而人眼又分不清它们，从而呈现出一种混合色的效果。网点并列呈色既涉及色料减色原理，又涉及色光加色原理，如图 2-20 所示，当品红色网点与黄色网点并列时，白光照射在品红网点和黄网点上，根据色料减色法原理，品红网点吸收白光中绿光，反射红光和蓝光，而黄网点吸收白光中的蓝光，反射红光和绿光，品红网点和黄网点反射的光中红光近似是蓝光与绿光的两倍，由于网点很小，在正常情况下，人眼分辨不出一个个独立的网点，因此，也分不清它们反射的色光，而只能看到反射色光的混合色——淡红色，这是一个色光加色混合的过程。同理，黄网点与青网点并列呈色得到淡绿色，品红网点与青网点并列呈色得到淡蓝色，黄、品红和青三种网点并列时，则形成灰色。

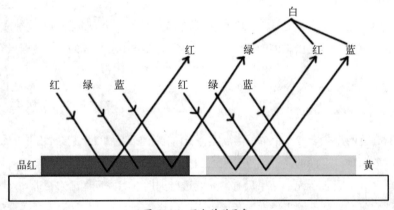

图 2-20　网点并列呈色

2.4　图像复制过程中的色彩管理方法

2.4.1　色彩管理的提出

色彩管理是随着彩色桌面出版系统的出现而产生的，彩色桌面出版系统使用户可以根据自身的情况选择所需的输入和输出设备及相关的软件，从而使输入设备到输出设备的数据传输，变成了多种多样的可能组合。例如，某一用户可能因为业务的需要，购买了多种输入设备，假设为 m，同时也购买了多种输出设备，假设为 n，那么对于这一用户来说，他将面对 m 个输入对 n 个输出的工作流程，在工作中就需要进行 m×n 个不同的输入到输出的数据转换，如图 2-21 所示。

在使用这些设备时，人们经常会发现，不同类型的设备在表现同样的颜色时往往会存在差别，同一原稿用扫描仪和数码相机两种输入设备进行采集会出现差别，扫描得到的图像在屏幕上显示效果与打印出来的效果会存在差别，而用印刷机印刷出来又会有不同的效果，如图 2-22 所示。而且即使是同类设备在表现同样的颜色时也会存在差别，图 2-23 为两台同样的显示器显示同一图像的效果。

图 2-21　输入设备到输出设备的 m×n 转换

数码相机拍摄效果

显示器显示效果

印刷机印刷效果

喷墨打印效果

图 2-22　不同设备表现同一图像的差别

图 2-23   同样类型的设备表现同一图像的效果

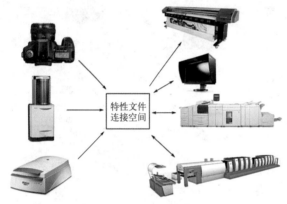

图 2-24   色彩管理系统的设备连接

因此，如果没有一个理想的色彩管理机制，要实现输入设备到输出设备之间数据的准确转换，其难度是非常大的。而色彩管理提供了一套巧妙的解决方案，它是一种将图像从源设备颜色空间转换到目标设备所支持的颜色空间的技术，其目的是提供一种颜色转换机制，以保证颜色在不同设备之间转换时保持一致。色彩管理系统并不需要把设备中的每两台设备都直接连起来，而是通过一个中间的连接空间来表示各种设备的颜色，将不同的设备连接起来，如图 2-24 所示。

2.4.2   色彩管理的基本框架

为了实现在不同的彩色设备之间获得一致的颜色效果，ICC（国际色彩联盟）建立了一个统一的色彩管理系统，基于 ICC 的色彩管理系统的基本框架包括了特性文件连接空间 PCS、特性文件（profile）、再现意图（rendering intents）和色彩管理模块 CMM（color management module）四个组成部分。

1）特性文件连接空间 PCS

不同的彩色设备具有不同的颜色表现方式，也就是说每一个设备在表现颜色时，都有一套它自己的内部颜色"尺度"，因而我们用不同的扫描仪扫描同一颜色时会得到不同的 RGB 值，这说明用扫描仪得到的 RGB 值是与扫描仪有关的；同样，用不同的打印机打印同一颜色时，要保证打印效果一样，不同的打印机输出时采用的 CMYK 值往往是不一样的，因而，CMYK 值也是与打印机有关的，我们把这些与所用的设备有关的颜色值（包括打印机的 CMYK 值）称作为设备相关的，把用与设备相关的颜色值来表示颜色的颜色空间称作为与设备相关的颜色空间。因此，在这些与设备相关的颜色空间中，任何一组 CMYK 值或 RGB 值都并不能准确地描述一个颜色，它们只有与某一特定的设备联系起来才能表示一个具体的颜色。

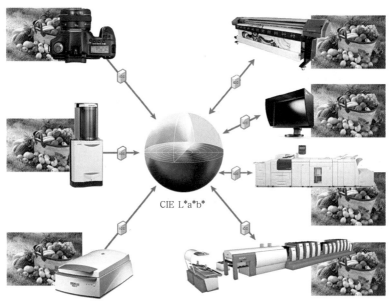

图 2-25　特性文件连接空间的作用

因此，要准确地表示一个颜色，必须在一个与设备无关的颜色空间里来描述。CIE 1931 XYZ 系统和 CIE 1976 L*a*b* 系统的颜色空间就是与设备无关的颜色空间。基于 ICC 的色彩管理系统采用 XYZ 和 Lab 颜色空间作为特性文件连接空间，并将它们作为设备之间颜色转换的"枢纽中心"，特性文件连接空间就好比国际贸易中的世界货币一样，利用它可以实现不同币种的兑换，在色彩管理系统中，利用特性文件连接空间可以实现不同设备颜色空间的颜色转换，如图 2-25 所示。

2）特性文件

前面已经提到过，每一个设备在表现颜色时，都有一套它自己的内在颜色"尺度"，因而，从不同扫描仪获得同一颜色的 RGB 值不能简单地传给打印机输出，而应该让打印机知道这些 RGB 值是基于什么"尺度"得出的，否则的话就会打印出错误的颜色。同样对于不同打印机或印刷机来说，我们也要掌握每一台打印机或印刷机的内在颜色"尺度"，才能保证同一颜色由不同的打印机或印刷输出时能获得一致的效果。为了保证不同彩色设备能够准确地表现颜色，色彩管理系统采用一个特性文件来描述每一台设备的内在颜色"尺度"，并将这个颜色"尺度"和中间颜色空间的颜色"尺度"联系起来，也就是说，特性文件明确了 RGB 或 CMYK 值所对应的 XYZ 值或 Lab 值。

ICC 定义了七种不同类型的特性文件，其中三种设备特性文件，分别为：输入设备特性文件、显示设备特性文件和输出设备特性文件。除了三种设备特性文件外，ICC 还定义了四种额外的特性文件，分别为：设备链接（DeviceLink）特性文件、颜色空间转换（Color Space Conversion）特性文件、抽象（Abstract）特性文件和专色（Named Color）特性文件。

为了建立一种开放的跨平台的标准，以便同一个 ICC 特性文件可被不同的应用软件调用，ICC 对特性文件的结构和内容进行了规范。一个 ICC 特性文件由三部分组成：文件头、标签列表和标签元素数据，如图 2-26 所示。

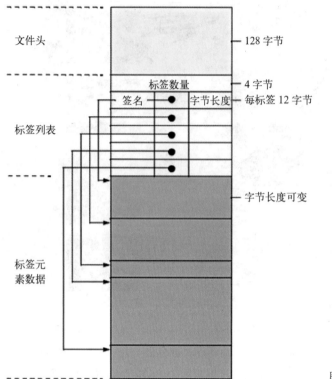

文件头　　128 字节

标签数量　　4 字节

签名　　字节长度　　每标签 12 字节

标签列表

字节长度可变

标签元素数据

图 2-26　特性文件结构

3）色彩管理模块 CMM

色彩管理模块也叫色彩管理引擎，它是一个颜色转换程序，它的作用就是利用特性文件中的颜色数据对与设备相关的 RGB 值或 CMYK 进行数值转换。

虽然特性文件中定义了设备的 RGB 或 CMYK 值对应的 XYZ 或 Lab 值，但没有哪个输入设备的特性文件能够包含所有可能的 RGB 值对应的 XYZ 或 Lab 值，也没有哪个输出设备的特性文件能够包含所有可能的 CMYK 值对应的 XYZ 或 Lab 值。所以，在实际应用中，建立设备特性文件时，往往只在特性文件中存储部分 RGB 值或 CMYK 值（这些值一般均匀分散在 RGB 或 CMYK 颜色空间里）对应的 XYZ 或 Lab 值，然后在使用特性文件时，根据现有的颜色点通过插值算法来计算其他的点，这就是 CMM 所做的工作，一般的具有色彩管理功能的软件都有选择 CMM 的功能，图 2-27 是 PhotoShop 中的色彩管理 CMM 选择。

4）再现意图

在色彩管理工作流程中，每一台设备都有一个固定的、可复制的颜色范围，这是由设备的物理性质决定的，显示器不可能显示出比其红色荧光粉饱和度更高的红色，印刷机也不能印出比它所用青墨饱和度更高的青色，也就是说设备不可能复制出其色域外的颜色。因此，对于设备色域外的颜色，必须用一些其他的颜色来代替。ICC 特性文件规范中包含了四种处理色域外颜色的方法，这些不同的处理方法就是再现意图。ICC 特性文件包含的四种再现意图分别为：感知的再现意图、相对色度的再现意图、绝对色度的再现意图和饱和度的再现意图，每一种再现意图都对应一种色域压缩方案，如图 2-28 所示，不同的再现意图进行色域变换的

图 2-27　PhotoShop 中的色彩
管理 CMM 选择

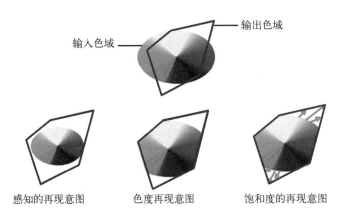

输出色域

输入色域

感知的再现意图　　　　色度再现意图　　　　饱和度的再现意图

图 2-28　不同的再现意图进行色
域变换后的效果比较

结果不一样。感知的再现意图是在保持所有颜色间的相互关系不变的基础上，把源设备颜色空间所有颜色整体压缩到目标设备颜色空间中；相对色度的再现意图考虑到人的眼睛总是要去适应正在被观察介质的白点这样一个现象，将源设备颜色空间的白点映射到目标设备颜色空间的白点，这种颜色处理方法能够准确地复制处于色域内的所有颜色，而裁切掉处于目标设备色域外的颜色并用目标设备色域内与它们最接近的颜色来代替；绝对色度的再现意图与相对再现意图非常相似，也能够准确地复制处于目标设备色域内的所有颜色，而裁切掉处于目标设备色域外的颜色并用目标设备色域内与它们最接近的颜色来代替。唯一的区别就是它不把源设备颜色空间的白点映射到目标设备颜色空间的白点；饱和度的再现意图是要保持颜色的饱和度，而不太关心颜色的准确性。对于目标设备色域外的颜色，从目标设备色域外颜色的坐标点作一条饱和度值不变的线，用这条线与目标设备色域边界的交点所对应的颜色来代替色域外的颜色。而对于处于目标设备色域内的颜色，整体向目标设备色域边界移动。

2.4.3　色彩管理的基本实施流程

色彩管理的实施流程可以分为 3 个 C：校准（Calibration）、特性化（Characterization）、转换（Conversion）。

设备的校准是将设备调整到处于最佳的、稳定的工作状态，使设备在表现颜色时能够始终保持一致，如果设备不能正常稳定的工作，就会让我们无法预知和控制颜色的复制效果。在颜色复制过程中，用到的设备主要有三类：输入设备、显示设备和输出设备，在使用这些设备前，都需要对它们进行校正，以保证工作状态的稳定性。

设备的特性化是用一个标准的特性文件来描述设备的颜色响应特性，为色彩管理系统提供将某一设备转换到与设备无关的颜色空间中所需的数据信息。设备的特性化过程就是制作设备特性文件的过程，通常是通过测量设备对所选的一组标准色块进行测量，然后将测量值与标准色块的参考数据进行比较，由色彩管理软件计算生成设备的特性文件。

色彩转换是依据设备特性文件利用色彩管理模块进行不同设备之间的颜色数据转换，保证同一颜色通过不同的设备再现时能够保持一致。由于每一设备都有自己的颜色模式，在进行颜色转换时，要将颜色数据先通过某台设备的特性文件转换到与设备无关的颜色空间，然后再利用另一个设备的特性文件，转换为另一台设备的颜色值，以保证设备之间颜色的一致性，如图 2-29 所示。

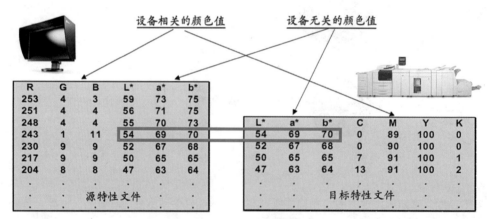

图 2-29　颜色转换

项目小结

本项目主要介绍了颜色复制过程中颜色的分解、传递和合成的基本原理和过程，以及对颜色复制过程进行色彩管理的基本方法和流程。

课后练习

1）利用 UCR 工艺将一幅 RGB 色彩模式图像转换成 CMYK 色彩模式图像。

2）利用 GCR 工艺将一幅 RGB 色彩模式图像转换成 CMYK 色彩模式图像，并比较选择不同黑版量的转换效果。

3）要对印刷颜色复制过程进行色彩管理需要具备哪些条件，做哪些工作？

项目三 显示器的色彩管理

项目任务

1）对一台 CRT 显示器进行校正，制作它的特性文件，并将制作的特性文件设置为系统默认的显示器特性文件；

2）对一台 LCD 显示器进行校正，制作它的特性文件，并将制作的特性文件设置为系统默认的显示器特性文件。

重点与难点

1）显示器的校准；

2）显示器特性文件的制作。

建议学时

8 学时。

　　显示器是印刷色彩管理过程中的一个重要设备，利用显示器可以评价图像扫描效果、图像处理效果并进行即时的修改，如果显示器能够准确地显示颜色，那我们就可以根据显示器显示的颜色对图像做出准确评价。显示器的另一个作用就是进行软打样，如果显示图像值得我们信赖的话，我们就可以用它来模拟最终的印刷效果，这样就可以节省大量的时间和成本了。

　　显示器通常分为两种：CRT（阴极射线显像管）显示器和 LCD（液晶）显示器。CRT 显示器显示图像是利用人眼的视觉残留特性和荧光粉的余辉作用。彩色图像存储在电脑的内存中，一幅图像分为若干个像素，每一个像素的颜色信息称为颜色索引值，存储在计算机的内存中。计算机的显卡有一个查找表，查找表可以将每一个颜色索引值转换成 R、G、B 三个数值。这三个数值如果用 8 位表示，显卡就是 8 位的显卡，查找表中包含 256 个颜色，可以显示 256 种颜色，如果是 10 位则能显示 1024 种颜色。图像中每个像素的颜色值通过查找表利用数模转卡器可以转换成模拟电压，模拟电压信号再被转换成电子束轰击荧光屏的荧光粉，形成彩色图像，如图 3-1 所示。LCD 显示器显示彩色图像的过程与 CRT 显示器比较类似，但它是利用液晶的物理特性来显示颜色的，当通电时，液晶排列变得有秩序，使光线容易通过，不通电时排列混乱，阻止光线通过，而且 LCD 显示器需要有背景光源。

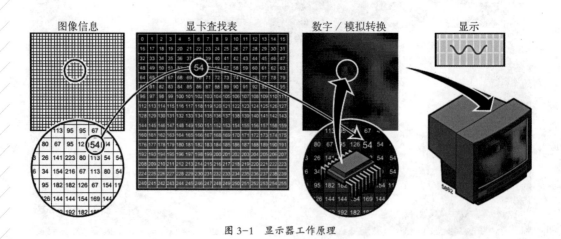

图 3-1　显示器工作原理

根据色彩管理的基本原理，对显示器进行色彩管理要先对显示器进行校准，使显示器达到标准的工作状态，然后利用特性化软件制作显示器的特性文件，但与其他类型设备不同的是，显示器特性化软件可以帮助调整显示器的工作状态，也就说将显示器的校准和特性化过程结合在一起了。

3.1 显示器的校准

3.1.1 显示器校准的周期

对于 CRT 显示器来说，由于荧光粉的颜色特性会随着使用时间发生变化，为了保证显示器显示颜色的一致性，一般建议每周校准一次，一些比较高档的显示器可以每月校准一次。

对于 LCD 显示器来说，液晶的颜色特性变化要比荧光粉慢得多，但是它的背景光源会随着时间发生缓慢变化，所以为了保险起见，也建议每周校准一次。

3.1.2 显示器校准前的准备工作

首先，要保证显示器周围的墙壁、地面等环境色应尽量接近中性色。工作环境照明光源不能有明显的颜色，不能直射到屏幕和眼睛，不要借助于自然光，因为自然光不稳定，会影响显示器屏幕的显示，显示器最好使用遮光罩，如图 3-2 所示。

图 3-2 显示器遮光罩

其次，要保证显示器屏幕的清洁，并开机至少半小时，使显示器预热达到稳定的工作状态，去除屏幕上的桌面图案，将桌面背景设置为浅灰色，并关闭屏幕保护系统，以及系统所有节省电源的功能，这些功能会使屏幕变暗或变成黑色。

3.1.3 显示器校准参数设置

显示器达到稳定工作状态后，需要对显示器进行正确设置，即对显示器进行校准。如果显示器没有设置正确，就不能够充分发挥它预览图像颜色效果的功能。例如，如果显示器的亮度设置太高，我们就不能看到图像中的黑色部分。

根据不同显示器的类型，显示器的校准主要包括以下四个设置：亮度、对比度、伽玛值和白场。

1）亮度与对比度设置

显示器亮度与对比度设置实际上是调整显示器的黑场和白场的亮度，如图 3-3 所示，如果显示器亮度设置太高，图像的暗调部分就显示不出实际的黑色来，图像的对比度低，图像阶调比较平；另一方面，如果显示器亮度设置太低，图像的暗调部分又会并级，导致暗调部分的细节丢失。最理想的亮度设置是从图像的暗调到亮调部分都能够清晰可见，暗调部分能

图 3-3　显示器亮度设置对显示效果的影响

够达到一定的密度同时不丢失细节。

　　而对比度的设置没那么严格，一般在一定程度上可以根据个人喜好来设置。调节对比度的主要作用是改变图像的整个亮度，但对比度主要是影响图像的亮调部分，对比度不能设置得太高，否则屏幕会太亮而引起反射和耀眼。

　　2）伽玛值

　　伽玛值表示显示器输入信号与显示亮度的非线性关系，如图 3-4 所示。每一台显示器出厂时都有一个一致的伽玛值在 2.0~3.0 之间。显示器软件可以改变这个基本的设置，苹果机显示器通常将伽玛值设为 1.8，而 PC 机的伽玛值为 2.2，小的伽玛值将会降低图像的反差并使图像变亮，高的伽玛值将增加图像反差并使图像变暗，如图 3-5 所示。

　　3）白场

　　显示器的白场是指显示器可以显示的最亮的白颜色，通常用色温来表示。白场就像一张用来作画的白纸，它的纯洁度决定了在它上面显示各种色彩的纯度，如果这张画纸本身不够白而是有色的，那么它显现出的白色就会不白，这和我们看景色不能戴有色眼镜是一个道理。

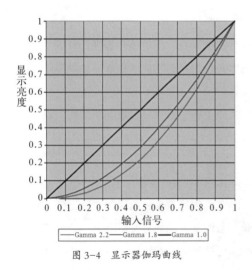

图 3-4　显示器伽玛曲线

图 3-5　不同伽玛值的图像显示效果
（左：1.0，中：2.2，右：3.0）

在显示器校准过程中，通常将显示器的白场目标值设为 6500K，因为人类的眼睛在千百万年的进化过程中，最熟悉的白场环境应该是日光的环境，而 6500K 色温的日光最接近这个环境。

由于显示器特性化软件将显示器的校准与特性文件制作过程结合在一起了，关于显示器的具体校准步骤将在显示器特性化中进行介绍。

3.2　显示器特性文件制作

为了制作显示器的特性文件，我们需要一个特性化软件。显示器的特性化软件可以分为两类：需要测量设备的和不需要测量设备的。有很多不需要测量设备就可以制作显示器特性文件的软件，如 ColorSynce、Display Calibrator 和 Adobe Gamma。这些软件不支持测量设备，它们通过滑块或按钮进行视觉调节。这种主观的方法容易出错，因为很难保证滑块处于最佳的位置，而且不同的用户可能产生不同的结果，这些软件一般不适合用于对颜色要求很高的印刷图像复制中，其制作显示器特性文件的方法在这里不做介绍。

对色彩管理要求比较严格的用户一般都采用商业软件来做显示器的特性化。商业的特性化软件采用测量设备来做显示器的特性化，结果更加准确。目前市场有很多商用的特性化软件，如 Eye-One Match、ProfileMaker、Monaco Profiler 和 Fuji ColourKit，还有一些专门做显示器特性化的软件，如 X-Rite Monitor Optimizer 和 Pantone Optical。下面分别以 Eye-One Match 和 Profile Maker 两个软件为例，介绍显示器特性文件的制作过程。

3.2.1　利用 Eye-One Match 制作显示器特性文件

显示器特性文件的建立是在显示器校准完成后，在屏幕上显示一系列已知 RGB 值的色块，并利用分光光度计测量这些色块的颜色值，然后通过将标准数值与测量值进行比较计算来生成显示器的特性文件。

Eye-One Match 软件可以制作 CRT 显示器、LCD 显示器以及笔记本显示屏幕的特性文件，这里只介绍 LCD 显示器的特性文件制作过程，关于 CRT 显示器的特性文件制作方法将放在"利用 ProfileMaker 制作显示器特性文件"一部分介绍。

首先，按照显示器校准的要求做好校准前的准备工作，运行 Eye-One Match，选择制作显示器的特性文件，并选择制作模式为"高级"，如图 3-6 所示，然后点击右下方向右的箭头，进入显示器类型选择界面，如图 3-7 所示，选择 LCD 显示器。

然后点击进入下一步，设置显示器校准目标值，将如图 3-8 所示，一般将色温设置为 6500K，PC 电脑伽玛值设为 2.2，苹果电脑伽玛值设为 1.8，LCD 显示亮度一般设置为 140cd/m^2。另外，也可以通过点击"打开 ICC 配置文件"从先前生成的配置文件中提取校准参数。如果所用的分光光度计安装了可以测量环境光的装置，可以勾选上"环境光源检测"，在下一步进行环境光的测量，确保显示器不会受到环境光的影响。

测量环境光时，先要校准分光光度计，校准方法如图 3-9 所示，将集光罩安装到 Eye-One 上，然后点击"校准"按钮。

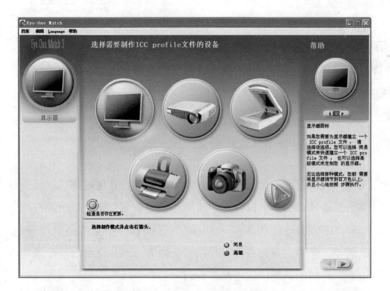

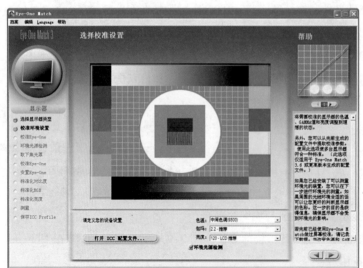

图 3-6

图 3-7

图 3-8

图 3-6　选择制作显示器特性文件的模式

图 3-7　选择显示器类型

图 3-8　设置显示器校准目标值

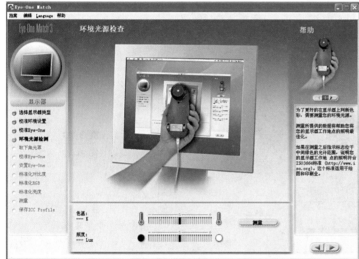

图 3-9
图 3-10

图 3-9　用集光罩校准 Eye-One
图 3-10　测量环境光

　　校准成功后，取下集光罩下的黑罩，并确定集光罩还在 Eye-One 上，点击向右的箭头进入下一步，将分光光度计放在显示器的中央，并背对屏幕，如图 3-10 所示，并确保没有其他的光线反射到屏幕上，工作环境的照明应该是比较暗，四周的墙面应该是中性灰色，光线应该均匀地漫反射在房间里，并且光源的方向不应站人。然后点击"测量"按钮，进行环境光测量，测量所提供的数据将帮助我们将显示器工作环境的照明条件最佳化。如果在测量之后指示标志位于中间绿色的允许范围，说明显示器工作环境的照明条件符合 ISO3664 标准，这个标准适用于绘图和印刷图像复制。

　　环境光测量完毕后，取下集光罩，如图 3-11 所示，准备进行屏幕测量，测量前必须校准分光光度计，如图 3-12 所示，将 Eye-One 放在标准白板上，点击"校准"按钮，对 Eye-One 进行校准。

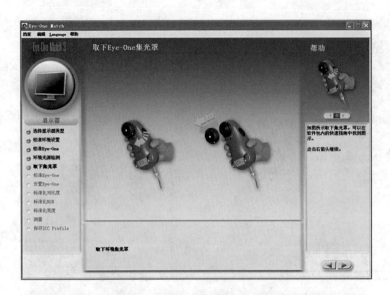

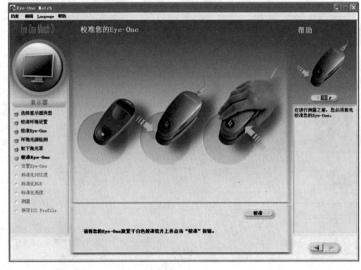

图 3-11

图 3-12

图 3-11　取下集光罩
图 3-12　用标准白板校准 Eye-
One

　　Eye-One 校准成功后，将 Eye-One 放置在屏幕上，如图 3-13 所示，并确保 Eye-One 紧密贴合在显示器屏幕上，虽然无论将 Eye-One 放在屏幕上的任何位置，软件都会自动地发现它，但我们还是推荐在屏幕的中心测量，但也要确保显示器的屏幕视控系统菜单不会在那里出现。

　　Eye-One 安装完成后，点击向右箭头将首先进入调整对比度界面，如图 3-14 所示，先通过显示器的对比度调节按钮，将对比度调到 100%，点击"开始"按钮，进行测量，然后再调节对比度，直到指示条处于中间的绿色区域内，如图 3-15 所示。

　　对比度调整完后，点击"停止"按钮回到软件界面，并点击下面的右箭头进入调节色温界面，这一步可以帮助我们将显示器色温调整到与预先设定的值如 6500K 近似，如图 3-16 所示，如果选择"色温设定"，Eye-One 将会测量一些屏幕显示的 RGB 颜色，然后软件会告诉我们屏幕当前色温值以及预设的色温值，我们可以通过显示器的屏幕视控系统菜单调整色温值，改变当前色温值，使它尽可能接近预设的值。如果我们的显示器可以分别调整红、绿、蓝的值，推

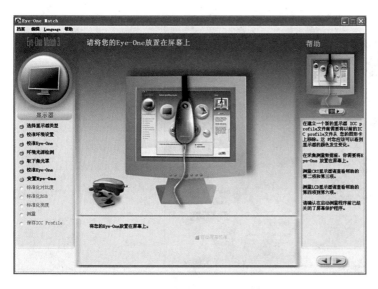

图 3-13

图 3-14

图 3-15

图 3-13 在屏幕上安装 Eye-One
图 3-14 调整对比度界面
图 3-15 使对比度大小处于绿色区域

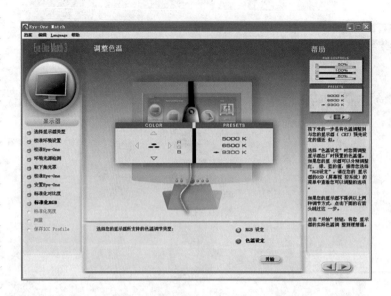

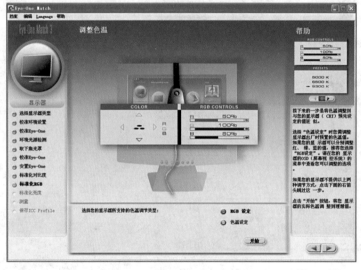

图 3-16
图 3-17

图 3-16　选择"色温设定"调
　　　　　整色温界面
图 3-17　选择"RGB 设定"调
　　　　　整色温界面

荐选择"RGB 设定"，如图 3-17 所示，Eye-One 将会测量一些屏幕显示的 RGB 颜色，然后软件会告诉我们屏幕的当前色温值、预设的色温值以及 RGB 通道指示器，我们可以通过显示器的屏幕视控系统菜单调整 RGB 各通道的值，一般先调整离中心的绿色容许范围最远的颜色通道，将其调节到绿色范围内，接着调整下一个离中心的绿色容许范围最远的颜色通道，直到把三个通道都调整到中心绿色的容许范围内，调整到最佳位置后，点击"停止"按钮返回主界面。

　　色温调节结束后，点击下面的右箭头进入亮度调整界面，如图 3-18 所示，点击"开始"按钮，利用 LCD 显示器的屏幕视控系统来调整亮度，直到亮度指示移动到中心绿色的容许范围内，如图 3-19 所示，然后点"停止"回到主界面。

　　再点击下面的右箭头继续，Eye-One 将会自动测量屏幕显示的标准颜色，如图 3-20 所示，Eye-One Match 将会发送一系列色块到屏幕上，这些色块存储在 Eye-One Match 安装目录下的参考文件里，文件里提供了它们的 RGB 值，如图 3-21 所示。

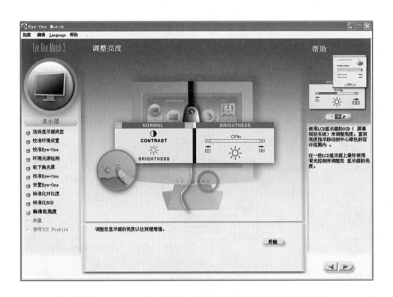

图 3-18
图 3-19
图 3-20

图 3-18　显示器亮度调节界面
图 3-19　调整显示器亮度
图 3-20　Eye-One 测量色卡颜色

　　Eye-One 将测量出每一个颜色的 Lab 值，并与参考文件中各颜色的 RGB 值进行比较，计算生成显示器的特性文件，并显示特性文件制作过程中的各项参数信息，以方便我们进行检查。如图 3-22 所示，图中左边的曲线图表示输入值与输出值的函数关系，曲线越接近直线表示结果越好，右边的图表示显示器能显示的色域范围。图的下方显示了色温和伽玛值的实际测量和目标值，以及当前的亮度值和目标值，如果事先测量过环境光源，环境色温和照度也将被显示在下方。如果实际测量的色温与目标色温的差在 ±100K 以内，伽玛值的差在 ±0.1 以内，实际测量的亮度与目标值的差在 ±5cd/m² 之间，就是比较理想的结果。如果勾选"提示显示

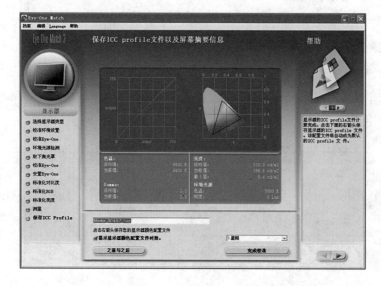

图 3-21

图 3-22

图 3-21　显示器参考文件

图 3-22　生成显示器特性文件

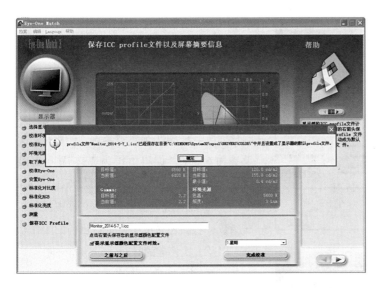

图 3-23　将特性文件设置为显
示器默认特性文件

器颜色配置文件时效"，系统将在某一段时间（1 到 4 个星期）之后提醒我们校准生成一个新的显示器特性文件，从而让显示器始终工作在最佳状态中。"之前与之后"选项可允许我们比较校正前后的屏幕变化。

　　检查显示器特性文件没有问题后，点击下面的右箭头保存显示器的特性文件，显示器特性文件将保存在系统指定的目录"C：\Windows\System32\spool\drivers\color\"下，如图 3-23 所示，并自动成为系统默认的显示器特性文件。

3.2.2　利用 ProfileMaker 制作显示器特性文件

　　ProfileMaker 既可以制作 CRT 显示器的特性文件，也可以制作 LCD 显示器的特性文件，这里只介绍利用它制作 CRT 显示器特性文件的过程。

　　先按要求做好显示器校准前的准备工作，然后将 Eye-One 测量仪器与电脑连起来，并启动 ProfileMaker 软件，选择制作显示器特性文件，如图 3-24 所示，在"Reference Data"下拉列表中选择制作 CRT 特性文件的标准色标数据文件，在"Measurement Data"处可以选择直接输入已经测量的数据，如果没有现成数据，可以选择用测量仪器进行测量，选择 Eye-One 作为测量仪器，软件会自动检测与计算机连接的 Eye-One 测量仪器，并要求将 Eye-One 测量仪器放在标准白上，

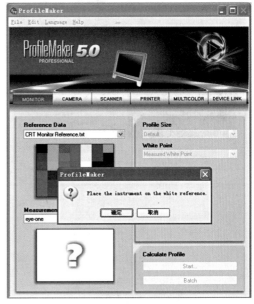

图 3-24　制作显示器特性文件界面

校准 Eye-One 测量仪器。

　　Eye-One 校准完后，软件会提示是否要在特性化前校准显示器，选择"是"，将直接进入显示器校正界面，如图 3-25 所示。首先设定显示器色温、伽玛值、亮度等参数的目标值，对 CRT 显示器来说，一般将色温设置为 6500K，伽玛值设为 2.2，显示亮度设置为 100%。另外，也可以通过点击"Load Reference"从先前生成的特性文件中提取校准参数。右面还显示了显示器目前的工作状态，以及上次校准的时间。

　　设置完目标值，点击下面的向右箭头，进入对比度调节界面，首先将显示器对比度调整为最大，然后点击"start"，根据需要慢慢降低对比度直到上下三角箭头对齐，如图 3-26 所示。

　　对比度调节完成后，点击下面的向右箭头，进入亮度调节界面，首先将亮度调节到最低，然后点击"start"，根据需要慢慢增加亮度直到上下三角形对齐，如图 3-27 所示。

　　亮度调节完成后，点击下面的向右箭头，进入色温调节界面，如图 3-28 所示，先检查一些当前的色温和亮度是否与目标值一致，如果不一致，它们将会在后面的自动校正过程中被优化。如果当前亮度值不符合我们的要求，可以勾选上"Desired luminance"，并输入目标亮度值，对于 CRT 显示器来说，一般建议将亮度值设置在 80 ~ 120Cd/m² 之间。点击"start"，调节显示器的"RGB"值，使三个颜色箭头尽量对齐。

图 3-25
图 3-26
图 3-27

图 3-25　显示器校正界面
图 3-26　对比度调整
图 3-27　亮度调整

然后，点击下面的向右箭头，进入自动校正界面，如图 3-29 所示，确保 Eye-One 正确放置在屏幕中间的颜色测量区域内，点击"start"，软件将会自动测量标准色卡中的所有颜色，这些颜色的测量值将用来计算生成显示器特性文件。

自动测量结束后，软件会提示是否需要存储测量数据，如图 3-30 所示，选择"是"，保存测量生成的数据文件。

保存完测量数据文件后，软件会自动加载到图 3-31 中"Measurement Data"处，在"Profile Size"下拉列表中选择"Large"，这样生成的特性文件更准确一些，在"White Point"中选择"D65"，然后点击"Start"，软件开始计算并保存显示器特性文件，特性文件也将保存在系统指定的目录"C：\Windows\System32\spool\drivers\color\"下。保存完毕后，软件会提示是否将特性文件设置为该显示器系统特性文件，如图 3-32 所示。

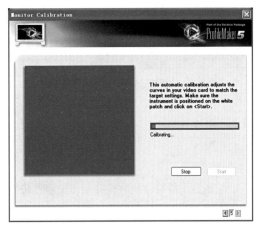

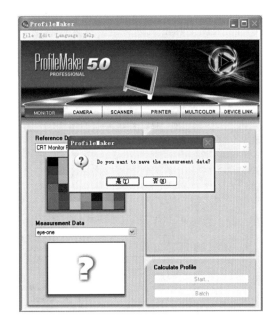

图 3-28
图 3-29
图 3-30

图 3-28　色温调整
图 3-29　自动校正界面
图 3-30　是否存储测量数据界面

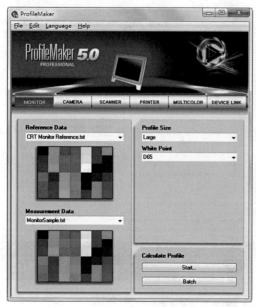

图 3-31　计算生成显示器特性文件界面

图 3-32　是否将生成的特性文件作为显示器的
系统特性文件

3.3　显示器特性文件的应用

很多显示器特性化软件在制作显示器特性文件时，都会提示是否将特性文件设置为显示器默认的特性文件，如果在制作显示器特性文件时没有将它设置为显示器默认的特性文件，则需要在操作系统中重新调用它。下面以 windows 7 系统为例，说明显示器特性文件的应用方法。

在桌面上点击鼠标右键，在鼠标右键菜单中选择"屏幕分辨率"，进入如图 3-33 所示的分辨率设置界面，点击"高级设置"，在弹出的窗口中选择"颜色管理"空间，并点击下

图 3-33　屏幕分辨率设置界面

面的"颜色管理（M）"按钮，则进入如图 3-34 所示的界面，在"设备"下拉列表中选择
显示器。然后点击"添加（A）"按钮，在弹出的窗口中点击"浏览"按钮，在系统指定的
特性文件存储目录下选择要加载的显示器特性文件，如图 3-35 所示，然后点击"设置为默
认配置文件"按钮，电脑将会把选择的特性文件设置为显示器的特性文件。

图 3-34 显示器颜色管理界面

图 3-35 加载显示器特性文件

项目小结

本项目介绍了进行显示器色彩管理前所需要的准备工作，显示器的校准方法，如何制作显示器的特性文件，以及如何正确应用显示器的特性文件。

课后练习

1）利用 ProfileMaker 软件制作某一液晶显示器的特性文件，并将其设置为系统默认的特性文件。

2）利用 Eye-One 软件制作某一 CRT 显示器的特性文件，并将其设置为系统默认的特性文件。

项目四　输入设备的色彩管理

项目任务

1）完成扫描仪的校正，制作扫描仪的特性文件，并将其加载到扫描图像中；

2）完成数码相机的校正，制作数码相机的特性文件，并将其加载到拍摄的图像中。

重点与难点

1）扫描仪的校正；

2）数码相机的校正；

3）数码相机特性文件的制作。

建议学时

8 学时。

　　在印刷图像复制过程中，常用的输入设备主要有扫描仪和数码相机，它们输入图像的质量一方面取决于它们自身的质量，另一方面则取决于它们的特性文件质量。因此，对扫描仪与数码相机进行色彩管理，制作一个准确的能反映扫描仪或数码相机真实颜色响应特性的特性文件尤为重要。

4.1　扫描仪的色彩管理

　　扫描仪是由电子分色机发展而来的图像输入设备，它能将模拟图像转换成数字图像。而不像电子分色机那样只能将一种模拟图像（原稿）转换成另一种模拟图像（胶片）。用于图像输入的扫描仪通常有三种类型：平台扫描仪、胶片扫描仪（目前已很少使用）和滚筒扫描仪，如图 4-1 所示。

　　扫描仪的工作原理都是利用光电转换元件将原稿反射或透射的光信号转变为电流信号，然后转换为数字信号，如图 4-2 所示。只不过不同类型的扫描仪用的光电转换元件不同，平台扫描仪和胶片扫描仪采用电荷耦合器 CCD，而滚筒扫描仪则采用灵敏度更高的光电倍增管 PMT，但它们的色彩管理方法基本上是一样的，下面以平台扫描仪为例介绍扫描仪的色彩管理过程。

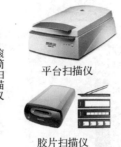

滚筒扫描仪

平台扫描仪

胶片扫描仪

图 4-1　不同类型的扫描仪　　　　　　　　图 4-2　扫描仪工作原理

4.1.1　什么情况下需要对扫描仪进行色彩管理

一般来说，扫描仪什么时候需要进行色彩管理，并没有严格的时间规定，只要它的工作状态稳定，我们就不需要对它进行色彩管理。但是，如果遇到以下情况，一般需要对扫描仪进行色彩管理：

1）更换扫描仪的光源或者镜片时，需要重新对扫描仪进行色彩管理；

2）扫描输入图像的颜色有明显变化时，包括输入图像有明显的偏色情况，或者图像的阶调层次有问题，也需要重新对扫描仪进行色彩管理。

在实际工作中，我们可以隔一段时间通过扫描标准原稿，尤其是带灰梯尺的标准原稿来判断扫描图像是否存在偏色情况。

4.1.2　扫描仪的校正

按照色彩管理的基本流程，在对扫描仪进行色彩管理时，先要对扫描仪进行校正，无论是高档还是低档扫描仪，都需要将它校正到最佳的工作状态，使它能够忠实再现原稿的阶调层次、颜色变化和灰平衡。校正过程如下：

1）打开扫描仪，预热 30 分钟，待扫描仪达到稳定工作状态后，将带有灰梯尺的标准色卡如 Kodak IT8.7/2 放置在扫描区域内，启动扫描软件，采用 RGB 颜色模式以系统默认的参数进行扫描，如图 4-3 所示。

2）扫描完毕后，在 PhotoShop 中打开扫描图像，用吸管工具读取灰梯尺的颜色数据，根据标准要求，在扫描软件中调节高光、暗调值，使扫描仪得到灰梯尺的第 1 级在 250 ~ 255 之间，暗调的第 22 级在 0 ~ 5 之间，如图 4-4 所示。然后调节中间调 Gamma 值，使灰梯尺的三梯级达到标准值，最后根据每一级灰梯尺 RGB 值的大小情况，调节单通道颜色数值，使各梯级的 RGB 值基本相等，从而使扫描仪达到标准白和灰色平衡。

现在很多扫描仪都带有自动校正功能或者自动校正软件，校正起来更加方便。

图 4-3　扫描标准色卡

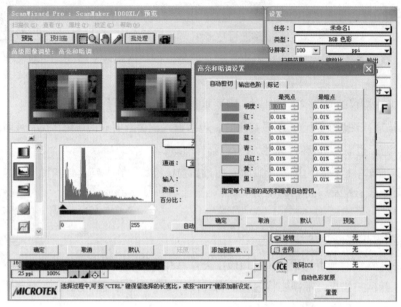

图 4-4　调节灰梯尺的高光与暗调值

4.1.3　扫描仪特性文件制作

扫描仪校正完成后，就可以利用专业的色彩管理软件来制作扫描仪的特性文件。下面分别以 Profile Maker 和 Eye-One Match 两个软件为例，介绍平台扫描仪特性文件的制作过程。

1）用 Eye-One Match 制作扫描仪特性文件

很多平台扫描仪既可以扫描反射稿，也可以扫描透射稿，为了保证两种扫描方式输入图像的质量，需要分别针对这两种扫描方式制作扫描仪特性文件，但两种扫描方式的特性文件制作过程基本上一样，只是用的色卡和扫描方式不同而已，这里以扫描反射稿为例，介绍扫描仪特性文件的制作过程。

首先将分光光度计与电脑连起来，然后运行 Eye-One Match，选择 "Reflection scan"，如图 4-5 所示。

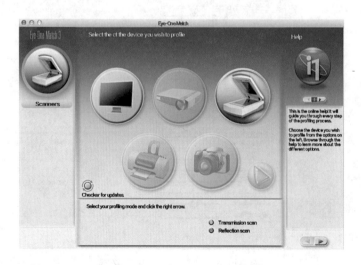

图 4-5　选择制作扫描反射稿的特性文件

　　点击向右箭头，进入下一步，这时会进入标准色卡选择界面，如图 4-6 所示，有如下三种选择：

　　（1）Use the previously measured chart：可以直接调用以前测量得到的色卡数据，制作扫描仪特性文件的色卡既可以使用 Eye-One 系列配套的色卡，也可以使用 IT8 色卡。

　　（2）Load a reference chart：不进行测量直接调用标准色卡参考数据文件，每种色卡都有一个参考文件，存储在 Eye-One Match 的安装目录下，它记录了色卡中每一色块的标准数据，软件会把你用扫描仪扫描色卡的结果和标准数据对照，从而推算出扫描仪的 ICC 特性文件。

　　（3）Measure the reference chart：使用 Eye One Pro 分光光度计重新测量参考色卡颜色数据。

　　如果选择 "Measure the reference chart"，则进入校准分光光度计界面，如图 4-7 所示。按屏幕的提示，把分光光度计放在标准白板上，使测量光口对准标准白板，点 "Calibrate"，分光光度计便会自动校准。

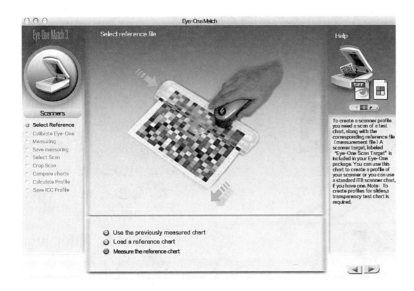

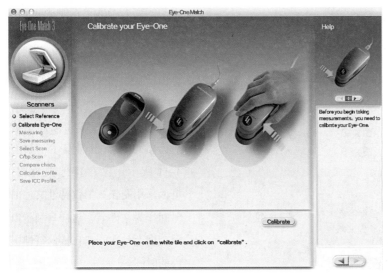

图 4-6

图 4-7

图 4-6　选择参考色卡数据
图 4-7　分光光度计校准

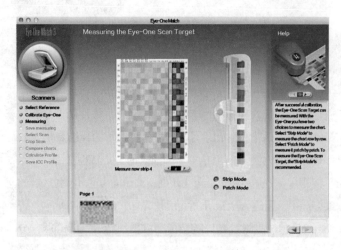

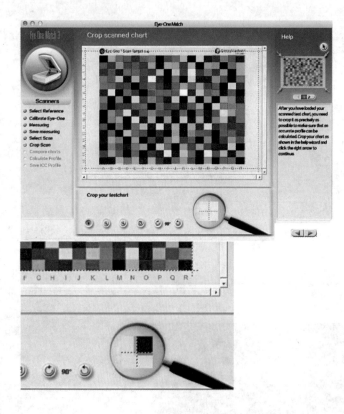

图 4-8
图 4-9

图 4-8　测量标准色卡颜色数据
图 4-9　标准色卡裁切

分光光度计校准完毕后，点击下一步，用分光光度计扫描标准色卡，逐行扫描，每扫完一行，屏幕上的色卡示意图会有一行变成饱和的彩色，如图 4-8 所示，在测量过程中，注意扫描速度要均匀，如果扫描发生失误，屏幕会提示你重新扫描。

标准色卡扫描完成后，就可以点击屏幕右下角的向右箭头，进入下一步。这时需要关闭扫描仪中所有的色彩校正功能，以 300dpi 的分辨率和无缩放扫描标准色卡，扫描图像存储为无压缩的 TIFF 格式。

接下来在 Eye-One Match 中载入扫描文件，用 Eye-One Match 自带的裁切工具，把它裁到只剩那些色块，如图 4-9 所示。

裁切完成后，进入下一步，比较一下裁切后的扫描色卡是否与参考色卡一致，如图 4-10 所示。如果不一致需要回到上一步重新扫描；如果一致，则点击右下角的向右箭头，这时 Eye-One Match 会把扫描获得的色卡数据与标准色卡数据进行对照，计算出反映扫描仪颜色响应特性的 ICC 特性文件。

扫描仪 ICC 特性文件生成后，就可以点击保存了，如图 4-11 所示。保存特性文件时，可以采用制作扫描仪特性文件的时间作为文件名，这样有利于以后查询上一次制作扫描仪特性文件的时间。

图 4-10　比较扫描色卡参考色卡

图 4-11　保存扫描仪特性文件

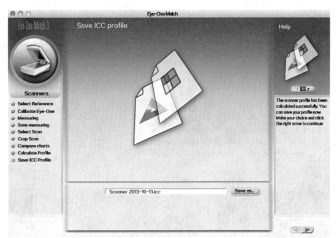

2）利用 ProfileMaker 制作扫描仪特性文件

ProfileMaker 是一个专业的色彩管理软件，可以用来制作很多设备的特性文件，用它来制作扫描仪的特性文件时，不需要用到分光光度计，参考色卡数据不能通过测量导入，而是需要预先存储在计算机中。而且，在生成扫描仪特性文件时，增加了一些控制参数，如特性文件尺寸，再现意图，以及观察光源的选择。当用它来制作扫描反射稿的特性文件时，其过程如下：

首先运行 ProfileMaker 软件，在校正设备栏中选择"scanner"，准备制作扫描仪特性文件，如图 4-12 所示。

图 4-12　选择扫描仪特性文件制作

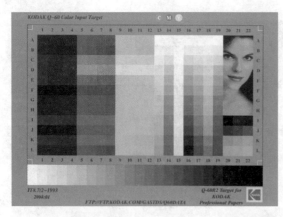

图 4-13　IT8.7/2 标准色卡

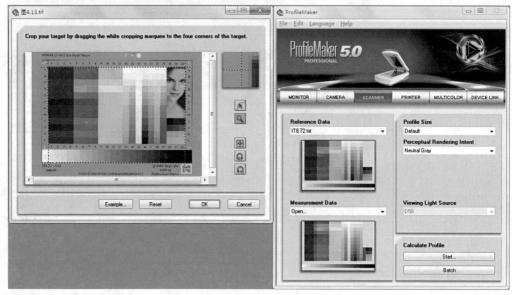

图 4-14　扫描色卡裁切

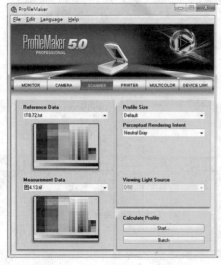

图 4-15　扫描仪特性文件生成

然后关闭扫描仪的所有色彩管理功能，以 300dpi 的分辨率，等大扫描 IT8.7/2 标准色卡，并存储为 TIFF 格式，如图 4-13 所示。

接下来在 Reference Data 中选择 IT8.7/2 标准色卡数据，在 Measurement Data 中选择扫描得到的 IT8.7/2 色卡文件，并对扫描色卡进行裁切，如图 4-14 所示。

比较裁切后的扫描色卡是否与标准色卡一致，如果一致，就可以设置特性文件尺寸，再现意图，以及观察光源，设置完成后，点击 "start" 就可以生成并保存扫描仪特性文件了，如图 4-15 所示。

4.1.4　扫描仪特性文件的应用

扫描仪的特性文件制作完成后，可以将它嵌入到新扫描的图像中，以使扫描得到的图像能够正确反映原稿的颜色。但需要注意的是，扫描仪的特性文件并不能改善质量很差的原稿的扫描质量，它只能保证精确地复制原稿的颜色。扫描仪特性文件的应用方法通常有以下两种：

1）在扫描过程中嵌入扫描仪特性文件

在扫描仪的颜色匹配设置对话框中选中"在扫描图像中嵌入 ICC 目标特性文件"，然后选择"添加特性文件"，将扫描仪的特性文件加载到扫描程序中，这样就可以在扫描的同时将特性文件直接嵌入到扫描的图像中，如图 4-16 所示。

当我们在 PhotoShop 中打开扫描图像时，PhotoShop 会提示打开的图像中内嵌有 ICC 特性文件，如图 4-17 所示。

2）在 Photoshop 中为扫描图像指定扫描仪特性文件

如果在扫描图像的时候没有勾选"在扫描图像中嵌入 ICC 目标特性文件"，那么扫描的图像中将不嵌入扫描仪的特性文件，但我们可以在 PhotoShop 中打开图像后，为图像指定扫描仪的特性文件。

在 PhotoShop 中为未嵌入扫描仪特性文件的图像指定特性文件，可以通过选择"编辑"菜单下的"指定配置文件"命令来实现，如图 4-18 所示，在弹出的对话框中，勾选"配置文件"，然后在下拉列表中找到扫描仪的特性文件。

需要注意的是，在 PhotoShop 中指定图像的特性文件前，需要先将扫描仪的特性文件存放到指定的文件夹中，并安装扫描仪特性文件，如图 4-19 所示，这样才

图 4-16　扫描时嵌入扫描仪特性文件

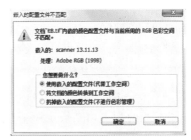

图 4-17　在 PhotoShop 中打开嵌入了
扫描仪特性文件的图像提示

图 4-18　为扫描图像指定扫描仪特性文件

图 4-19　安装扫描仪特性文件

能在"指定配置文件"对话框的下拉列表中找到扫描仪的特性文件。

4.2　数码相机的色彩管理

数码相机也是印刷图像复制过程中常用的图像输入设备,其工作原理是将景物通过相机的镜头成像在感光元件 CCD 上,由 CCD 将光信号转换成电流信号,然后再转换为数字信号,形成数字图像,如图 4-20 所示。

按照成像方式分类,数码相机可以分为区域扫描式和行扫描式两种类型。最早的区域扫描式数码相机,带有滤色片转轮(图 4-21 的 a),拍摄一副图像需要三次曝光,分别利用红、绿、蓝三种滤色片分别进行曝光;后来又出现了带分光系统的数码相机,这种数码相机利用棱镜和滤色片将进入到数码相机中的光分为三束(图 4-21 的 b),分别作用在三块 CCD 上,拍摄一副图像只需要一次曝光,但由于带有分光装置,相机的体积比较大,现在的数码相机普遍采用彩色滤色片阵列式 CCD(图 4-21 的 c),只需要一块 CCD,CCD 上的感光单元上面贴有红、绿、蓝三种滤色薄膜,当一束光进入数码相机时,可以同时得到红、绿、蓝三个通道的数字影像,只需要一次成像,相机的体积也变得比较小。

行扫描式数码相机是现代比较高端的一种新型数码相机,其工作原理与平台扫描仪一样,这种数码相机上的 CCD 由三条分别贴有红、绿、蓝三种滤色膜的 CCD 组成,如图 4-22 所示,

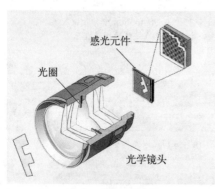

成像时,CCD 从一个方向往另一个方向移动,可以对实际景物进行逐行曝光成像,由于每一条 CCD 上的感光单元数非常高,所以可以获取非常大的信息量,可以用于高精度的图像的扫描成像。

数码相机的色彩管理过程与扫描仪的色彩管理过程比较类似,但数码相机不像扫描仪那样,采集图像时具有固定的光源,光源在原稿上的照度也比较稳定,数码相机在拍摄图像时的照明条件是经常变化的,照明光源极可能是直接的太阳光,也可能

图 4-20　数码相机工作原理

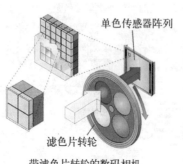

带滤色片转轮的数码相机

a

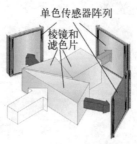

带分光系统的数码相机

b

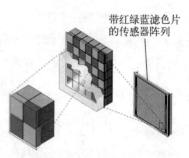

彩色滤色片阵列式的数码相机

c

图 4-21　带滤色转轮的数码相机

是多云天气的日光，还可能是室内的荧光灯、白炽灯，照明光源在光谱成分以及照度上都有很大程度的不同，而且，数码相机拍摄的图像往往是真实世界中五彩缤纷的物体，而不像扫描仪扫描的原稿是由三种或者四种染料或油墨形成的，因而存在同色异谱现象，即对同一景物，设备所感觉到的颜色与我们眼睛感觉到的不一样，这是数码相机要面对的普遍问题。因此，一般情况下对数码相机进行色彩管理难度比较大，色彩管理的效果也不理想，但对于一

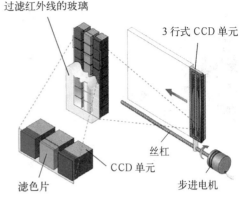

图 4-22　行扫描时数码相机

些可控条件下的拍摄，比如在摄影棚这种具有稳定光源的环境下，色彩管理还是比较可行且可信的。

　　数码相机的色彩管理过程实际上与扫描仪非常相似，也是先对数码相机进行校正，然后拍摄标准色卡，在特性文件制作软件中分别打开标准色卡数据文件和色卡拍摄图像，由软件比较两个文件中各色块的数据信息，生成数码相机的特性文件。

4.2.1　数码相机的校正

　　在对数码相机进行校正前，先要测试照明条件是否符合标准，比如光源的色温应该在5000 ~ 6000K，光源的相对光谱功率分布应该是连续的，显色指数应接近100。另外，还要检测光源照射是否均匀，可用数码相机拍摄一张白纸，然后检查拍摄图像四个角的数值是否都接近250 ~ 255，如果不符合标准，就需要对光源的照射角度进行调整。照明条件符合标准后，就可以对数码相机进行校正了，数码相机的校正一般是通过白平衡或灰平衡的调整来实现。

　　数码相机的白平衡是在某种光源下，将数码相机调整到 RGB 三个基本色对白色的响应基本上一致。一般来说，在数码相机拍摄图像时，如果白色还原正确，其他的颜色还原也基本正确。大部分数码相机都具有白平衡功能，有的数码相机可以自动调整白平衡，有的需要手动调整，有的既可以手动调整白平衡，也可以自动调整白平衡。

　　自动调整白平衡时，数码相机会自动选择画面中的白平衡基准点进行白平衡校正，操作比较简单。除了自动白平衡外，现在很多数码相机还预置了日光、阴天、白炽灯、日光灯等多种自定义白平衡，使拍摄者可以根据不同的光照条件选择合适的白平衡，如图 4-23 所示。

　　如果自动白平衡效果不满意，可以使用手动调整白平衡，其操作方法是：选择一个白色参照物，最好是采用灰平衡卡，将参照物置于拍摄场景内，保证照明条件与拍摄景物时用的完全一样，如图 4-24 所示。关闭数码相机的曝光补偿，将数码相机靠近参照物，直到它填满取景器，然后按一下白平衡调整按钮直到取景器中手动白平衡标志停止闪烁，这时白平衡手动调整就完成了。

　　另外还可以利用白平衡滤镜来调整数码相机的白平衡，白平衡滤镜是一种比较特殊的滤镜，可以准确地调整数码相机的白平衡，操作方法是：将白平衡滤镜安装在镜头上，如图 4-25

图 4-23　数码相机自动
白平衡

图 4-24　手动调整白平衡

图 4-25　利用白平衡滤镜调整
白平衡

所示，将相机设置到合适的拍摄模式，即曝光与聚焦模式，然后将相机从拍摄目标物的位置对准主光源，在白平衡的模式下释放快门就可以完成白平衡调整。

4.2.2　数码相机特性文件制作

完成数码相机的校正后，就可以制作数码相机的特性文件。下面分别以 Profile Maker 和 Eye-One Match 两个软件为例，介绍数码相机特性文件的制作过程。

1）利用 Eye-One Match 制作数码相机特性文件

目前用于制作数码相机特性文件的标准色卡很多，但 Eye-One Match 只支持 Color Checker SG 色卡。首先将制作数码相机特性文件的标准色卡 Color Checker SG 放置在中性灰背景上，并与数码相机的镜头面平行，调节数码相机的焦距使标准色卡在取景器中的成像面积不低于 50%。然后在标准色卡的两侧 45° 角上方放置两个光源，并保证标准色卡在两个光源照射下的照度均匀，如图 4-26 所示。

接下来启动 Eye-One Match 软件，选择制作数码相机的特性文件，并选择"高级"模式，如图 4-27 所示。

点击右下方箭头进入下一步，拍摄标准色卡，并将拍摄的标准色卡图像保存为 RGB 色彩模式的 TIFF 格式，如图 4-28 所示。

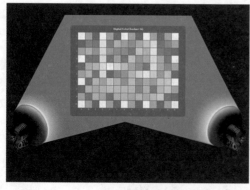

图 4-26　拍摄标准色卡

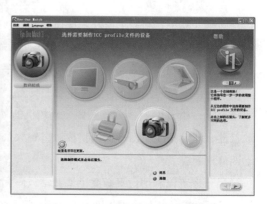

图 4-27　数码相机特性文件制作界面

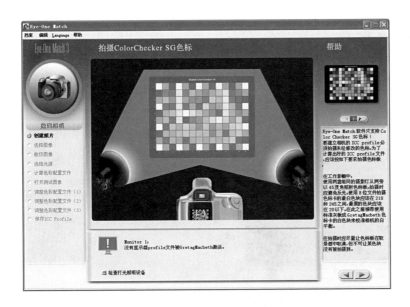

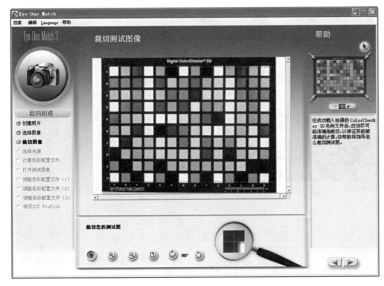

图 4-28

图 4-29

图 4-28 拍摄标准色卡
图 4-29 裁切拍摄的标准
　　　　色卡图像

拍摄完标准色卡后，将拍摄图像载入到 Eye-One Match 中，并裁切到合适的尺寸，如图 4-29 所示，裁切图像后进入下一步，比较裁切的图像是否与标准色卡图像一致，此时，Eye-One Match 会检查拍摄的色卡图像，是否存在白平衡、亮度以及曝光过度等问题，如果有问题，会弹出相应的报错信息，如图 4-30 所示，需要根据报告信息，查找原因，重新拍摄。

当 Eye-One Match 检查拍摄色卡没有问题后，进入下一步，选择光源，如果知道照明光源的色温，则可以直接在下拉列表中选择光源色温，如果不知道照明光源的色温，可以选择利用 Eye-One 测量环境光，如图 4-31 所示，测量前将集光照和黑色的校准罩安装在 Eye-One 上，点击"校准"，校准方法与制作显示器特性文件的测量环境光的方法一样。

Eye-One 校准成功后，将其朝向照明光源并点击"测量"按钮，测量结束后，Eye-One Match 将显示测量得到的照明光源色温和照度值，如图 4-32 所示。

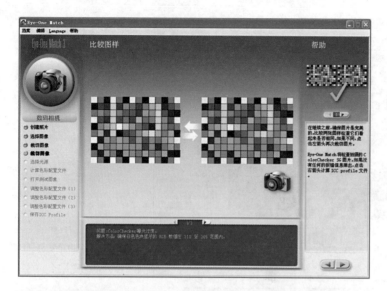

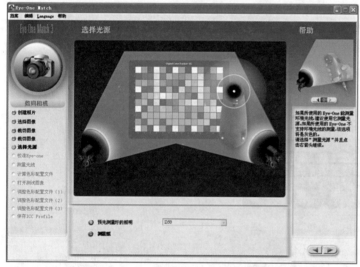

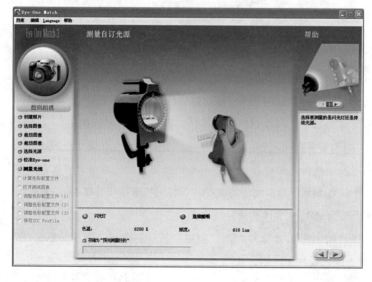

图 4-30

图 4-31

图 4-32

图 4-30　比较拍摄色卡图像与
　　　　　标准色卡图像

图 4-31　选择测量照明光源

图 4-32　照明光源色温与照度
　　　　　测量

照相光源测量结束后，进入下一步，Eye-One Match 将计算生成数码相机的特性文件，如图 4-33 所示。

数码相机特性文件生成后，用数码相机在相同的照明条件下拍摄一张照片，并以此照片作为测试图像，调整数码相机的特性文件，点击"载入"，将测试图像载入到 Eye-One Match 中，如图 4-34 所示，开始调整特性文件。

点击右下角箭头，首先进入密度和对比度的调整，如图 4-35 所示，位于窗口中心的图像是应用了 ICC Profile 文件的原始图像，选择 Y 轴上的图样可以调节对比度，上边是对比度增大，下边是对比度减小；选择 X 轴上的图样可以调节密度即图像亮度，右边的图是增加亮度（减少密度），左边的图是减少亮度（增加密度）；X 轴和 Y 轴上的绿色小色块提示了可以变化修正的最大范围。调整完亮度和对比度后，最理想的图样将位于中间。

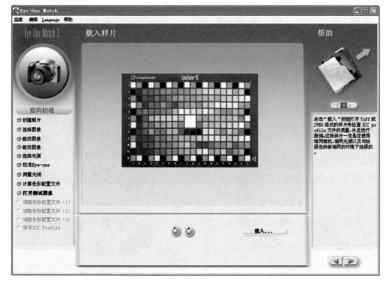

图 4-33

图 4-34

图 4-33 计算生成数码相机特性文件

图 4-34 载入测试照片

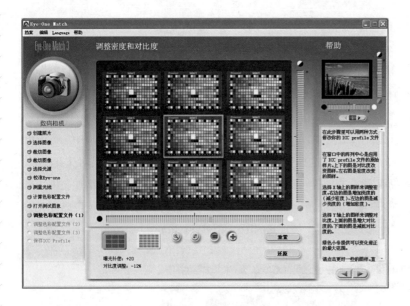

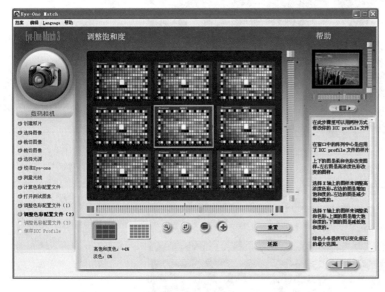

图 4-35

图 4-36

图 4-35　调整密度和对比度
图 4-36　饱和度调整

　　密度和对比度调整结束后，点击右下角箭头进入饱和度调整，如图 4-36 所示，选择 X 轴上的图样来调整高浓度色彩，右边的图是增加饱和度的，左边的图是减少饱和度的；选择 Y 轴上的图样来调整柔和色彩，上面的图是增大饱和度的，下面的图是降低饱和度的；X 轴和 Y 轴上的绿色小色块提示了可以变化修正的最大范围。调整完饱和度后，最理想的图样将位于中间。

　　调整完饱和度后，进入到图像的层次调节，如图 4-37 所示，左边的图样是增强图像暗调部分的层次，增加暗调部分的细节，右边的图样是压缩暗调部分的层次，减少暗调部分的细节。调整完暗调层次后，选择"图像中高色调有更多细节"选项可以增加亮调部分的层次，使其

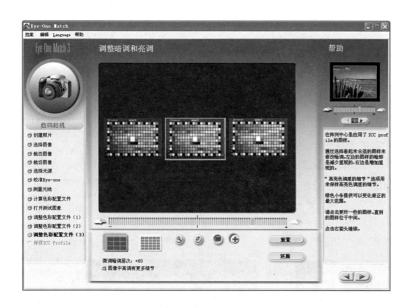

图 4-37

图 4-38

图 4-37 层次调整
图 4-38 保存数码相机特
性文件

具有更多的细节。

层次调整完后，Eye-One Match 会重新生成数码相机的特性文件，如图 4-38 所示，点击"保存为"可以保存新生成的特性文件，如果选择"使用不同的图片重复操作"选项，可以根据其他图样来建立不同的数码相机特性文件。

2）利用 ProfileMaker 制作数码相机特性文件

与 Eye-One Match 不 同 的 是，ProfileMaker 支 持 多 种 标 准 色 卡，如 Colorchecker24、ColorChecker DC、Digital ColorChecker SG 等标准色卡，如图 4-39 所示，大部分用户比较倾向于使用 ColorChecker DC 标准色卡。

　　利用 ProfileMaker 制作数码相机特性文件时，也要先设置照明条件，使其符合拍摄要求，然后将标准色卡放置在拍摄场景中进行拍摄，并将拍摄图像输入到计算机中。

　　然后启动 ProfileMaker 软件，选择制作数码相机特性文件，进入到如图 4-40 所示的界面，在"Reference Data"处的下拉列表中找到 ColorChecker DC.txt，在"Photography Testchart"处打开拍摄的标准色标文件，进入到如图 4-41 所示的裁切界面，对拍摄的图像进行裁切，保证裁切后图像中的色块与"Reference Data"处的图像色块是对应的。

　　图像裁切后，点击"OK"，ProfileMaker 会对拍摄的图像进行检查，如果存在问题，会弹出相应的报错信息，如图 4-42 所示，根据报错信息，分析原因，重新拍摄。

图 4-39　ProfileMaker 支持的标准色卡

图 4-40　数码相机特性文件制作界面

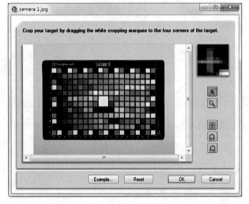

图 4-41　裁切界面

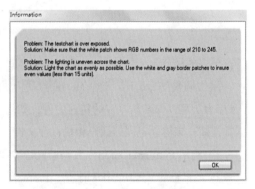

图 4-42　图像检查报错信息

图 4-43 Photo Task 设置界面

如果图像检查没有问题，则进入到图 4-43 所示的 Photo Task 设置界面，PhotoTask 设置与使用传统相机摄影时选择胶片类型比较相似，ProfileMaker 提供了"General Purpose（一般目的）"、"Outdoor（户外）"、"Portrait Photography（人物肖像）"、"Product Photography（商品摄影）"、"Black and White（黑白摄影）"等几种模式；如果要拍摄人像，则选择"Portrait Photography（人物肖像）"模式，然后点击"Photo Task Options"可以进一步进行灰平衡、曝光补偿、饱和度与对比度、专色等设置，如图 4-44 所示。

"Gray Balance（灰平衡）"设置可以让你选择使用数码相机的灰平衡（use camera gray balance）还是让特性文件自动灰平衡（neutralize grays automatically），如果选择"Neutralize tones near gray"选项，ProfileMaker 会去除灰色部分的色偏，进一步优化灰平衡，下面的滑块可以调整去色偏的强度，这个设置对于拍摄金属制品是非常重要的，可以去除金属制品上的轻微色偏。

"Exposure compensation（曝光补偿）"设置可以在保证不产生阶调并级的前提下，提高图像中间调和亮调的亮度。

"Saturation and contrast（饱和度和对比度）"设置可以分别调节亮调和暗调的对比度和饱和度。

"Spot colors（专色）"设置可以将一些拍摄图片中比较重要的颜色，比如企业的 Logo，增加到查找表的节点中，以保证这些颜色在复制过程中可以被准确地再现出来。因为查找表只能通过有限的节点来描述设备颜色空间，处于两个节点之间的颜色是很难保证特别准确的。增加专色时，需要将专色提前存在 txt 文档中，然后载入到软件中，ProfileMaker 最多允许加载

a 灰平衡设置　　　　　　　　　　　　　　*b* 曝光补偿设置

c 饱和度与对比度设置　　　　　　　　　　*d* 专色设置

图 4-44　图像设置界面

8 个专色。

　　Photo Task 设置完成后，可以进行光源选择，ProfileMaker 提供了如图 4-45 所示的多种光源选择，如果用户经常在这些光源下拍照，可以为每一种照明条件创建一个优化的特性文件。

　　光源设置完成后，点击"Start"，为数码相机特性文件取个文件名，比如"camera 2013.10.12"，ProfileMaker 就开始计算生成数码相机的特性文件，如图 4-46 所示。

图 4-45　选择照明光源

图 4-46　计算生成数码相机特性文件

4.2.3　数码相机特性文件的应用

数码相机特性文件制作完成后，应该保存到计算机指定的目录下，以方便调用。与扫描仪不同的时，数码相机不能在拍摄图像的时候将特性文件嵌入到拍摄图像中，而只能通过 PhotoShop 将特性文件指定为拍摄图像的特性文件，其操作方法与在 PhotoShop 中为扫描图像嵌入扫描仪特性文件一样。

在 PhotoShop 中打开拍摄的图像文件，选择"编辑"下的"指定配置文件"命令，在图 4-47 中的"配置文件"的下拉列表中选择制作的数码相机特性文件，最后保存图像就将数码相机的特性文件加载到拍摄图像中了。

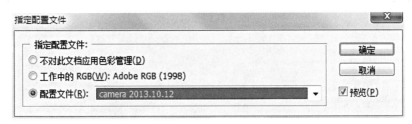

图 4-47　为拍摄图像加载数码相机特性文件

项目小结

本项目着重介绍了扫描仪和数码相机的工作原理以及图像采集过程中的各种参数设置，并介绍了扫描仪与数码相机特性文件的制作过程以及特性文件的应用方法。

课后练习

1）利用 ProfileMaker 软件制作扫描仪的特性文件。

2）利用 Eye-One Match 软件制作数码相机的特性文件。

项目五　输出设备的色彩管理

项目任务

1）制作数码印刷机的特性文件，并调用它进行图像输出；

2）分别制作印刷机、数码打样机的特性文件，在数码打样工作流程中调用这两个特性文件；进行打样样张输出。

重点与难点

1）数码打样机线性化；

2）印刷机校准；

3）数码打样工作流程设置。

建议学时

14 学时。

在印刷图像复制过程中，常用的输出设备主要有传统的印刷机、数码打样机、各种类型打印机和数码印刷机，与显示设备和输入设备一样，要保证它们颜色输出的质量，也需要对它们进行色彩管理。

5.1　数码印刷机的色彩管理

随着数码印刷质量与速度的不断提升，再加上它一张起印、无需制版、投资少等诸多特点，数码印刷机已经成为现代印刷行业中的一种重要输出设备，对数码印刷机进行色彩管理，保证其输出质量稳定性，亦显得越来越重要。与输入设备一样，对数码印刷机进行色彩管理也包含校准和特性化两个环节。

5.1.1　数码印刷机的校准

在进行数码印刷机校准前，应该先开机，让数码印刷机预热半小时，等数码印刷机工作稳定后再进行校准，下面以柯美 C6500 数码印刷机的校准为例进行介绍。

首先，打开方正印捷工作流程，打印如图 5-1 所示的线性化色表，注意在打印线性化色表的作业传票设置中，不要选择数码印刷机的校色功能，如图 5-2 所示。

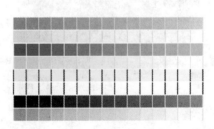

Base Linearisation Chart eye-one

scan direction ⟶
1. Starting scanning on white place before darkest blue strip
2. Press button and hold until beep
3. Scan strips by following instructions on computer screen

图 5-1　数码相机线性化色表

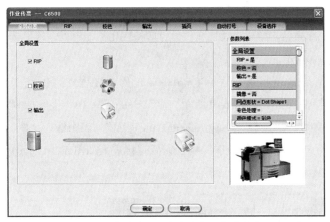

图 5-2　打印线性化色表的作业传票设置

打印出线性化色表后，在方正印捷客户端"工具"界面中选择"校色工具"，如图 5-3 所示，并点击"线性化测量"，将弹出如图 5-4 所示的参数设置界面，选择测量工具为"Eye-One"，打印介质设置为"Coated"，并设置 CMYK 的最大密度，然后点击"测量"将进入到如图 5-5 所示界面，提示对 Eye-One 进行校正，然后测量打印出来的线性化色表。

线性化色表测量完后，软件会提示保存测量数据，并得到 C、M、Y、K 四色的线性化曲线，如图 5-6 所示。曲线生成后还可以利用图 5-3 中的"微调曲线"工具对线性化曲线进行调整，调整完后就可以保存线性化文件，如图 5-7 所示，这时，数码印刷机的校准工作全部完成。

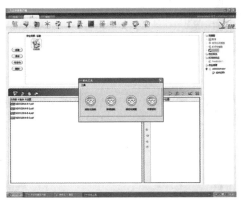

图 5-3　校色工具

图 5-4　线性化测量参数设置

图 5-5　EyeOne 校正界面

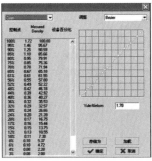

图 5-6　线性化曲线

图 5-7　保存线性化文件

5.1.2　数码印刷机的特性文件制作

数码印刷机校准完后，加载线性化文件，打印特性化标准色表，这里选择 TC3.5 CMYK i1 标准色表，如图 5-8 所示。

将 Eye-One 与电脑连起来，运行 ProfileMaker 色彩管理软件，点击"PRINTER"，选择制作印刷设备特性文件，如图 5-9 所示，在"Reference Data"下拉列表中选择"TC3.5 CMYK i1（A3）"参考数据，在"Measurement Data"下拉列表中选择"Eye-One"测量工具，这时软件会提示对 Eye-One 进行校准，校正完后直接进入如图 5-10 所示的测量界面，在测

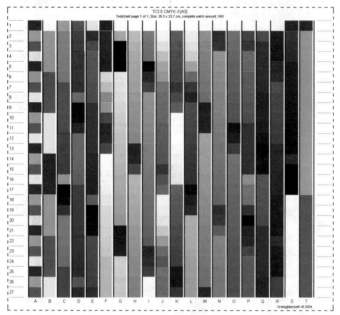

图 5-8　TC3.5 CMYK i1 色标

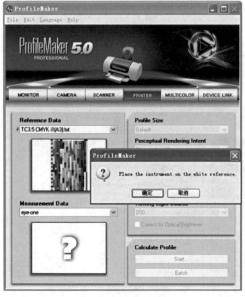

图 5-9　数码印刷机特性化界面

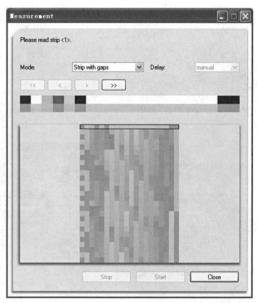

图 5-10　测量打印色标界面

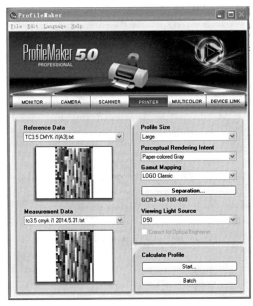

图 5-11 特性化设置界面

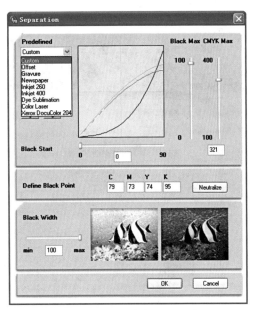

图 5-12 分色参数设置

量模式 "Mode" 下拉列表中选择 "Strip with gaps"，测量时，Eye-One 可以一次扫描一条色标，测量中，有时候会出现测量错误，软件会提示重新进行测量，如果实在读不过去，可以选择色块测量。

全部测量结束后，点击 "Close"，软件会提示保存测量数据，保存完数据后，直接跳入到 ProfileMaker 软件中，如图 5-11 所示，可以为特性化文件的制作进行设置。在 "Profile Size" 下拉列表中选择 "Large"；在 "Perceptual Rendering Intent"（可感知的再现意图）下拉列表中，一般选择 "Paper-colored Gray"（相对于纸张的中性灰）；在 "Gamut Mapping" 下拉列表中为可感知的再现意图准备了三种色域映射的选项："Colorful" 是尽量保持颜色的色彩关系，"Chroma Plus" 是保持颜色的明度关系，"LOGO Classic" 是保持明度关系同时不转换白点。三个选项可以都试验一下，选择最适合你实际状况的，一般推荐选择 "Chroma Plus"，在 "Viewing Light Source" 下拉列表中选择 D50，点击 "Separation"，还可以进行分色参数设置，如图 5-12 所示，这里有比较多的分色选项，但比较重要的是分色方式、黑板产生和总墨量，对于碳粉式数码印刷机来说，在 "Predefined" 下拉列表中选择 "Custom"，黑板起始点一般设置在 40~50 左右，让黑色碳粉颗粒尽量不在图像的高光区域出现，以免给人很明显的颗粒感，总墨量一般设定在 250~280 左右，总墨量太大图像的暗调部分容易糊死，也不利于数码印刷机的定影。

特性化参数设置完后，点击 "Start"，开始计算生成数码印刷机的特性文件，并保存在系统默认的特性文件夹中，以备印刷输出时调用，如图 5-13 所示。

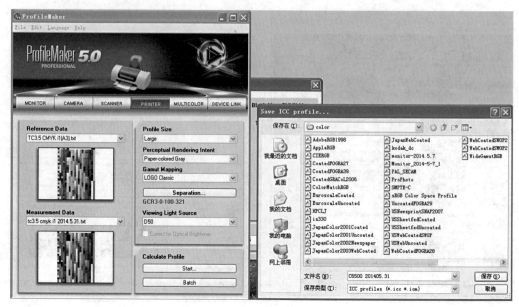

图 5-13　保存数码印刷机特性文件

5.1.3　数码印刷机特性文件的应用

　　数码印刷机特性文件生成后，可在数码印刷打印系统中调用进行图像的输出，以保证输出图像颜色的质量。

　　打开方正印捷数码印刷系统，在作业传票设置中进行色彩管理设置，加载制作的数码印刷机线性化文件和特性文件，如图 5-14 所示，在呈色意向一栏中选择再现意图，并设置图像的特性文件，当勾选"RGB 源 ICC"时，接收的图像色彩模式应为 RGB 模式，输出时，将直接按数码印刷机的颜色特性进行分色输出，这种模式主要用于高饱和度的颜色输出效果，如彩色照片的打印。

　　当勾选上"CMYK 源 ICC"时，如图 5-15 所示，打印输出的图像将是利用数码印刷机模拟传统印刷的效果。

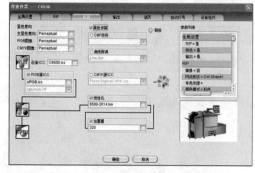

图 5-14　输出 RGB 图像色彩管理设置

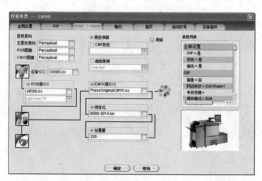

图 5-15　模拟传统印刷效果色彩管理设置

5.2　传统印刷机的色彩管理

印刷过程是图像复制流程中最重要的一个环节，对印刷机进行色彩管理也包含设备的校准和设备的特性化两个过程。

5.2.1　印刷机的校准

印刷过程的可变因素很多，如印刷材料的可变性（纸张、油墨、印版和橡皮布等），环境条件的可变性（车间温、湿度）以及印刷条件的可变性（给墨量、供水量、水墨平衡及印刷压力等），要对印刷机进行校正，使其达到稳定的工作状态并不是件容易的事。

对印刷机进行校准时通常有两种做法：一种是将印刷机调整到最佳状态，即优化印刷机；另一种是使印刷机符合某种参考标准。在实际印刷过程的色彩管理中，通常采用第二种做法，选择一个可以让企业内的所有印刷机都能达到的参考标准，这个标准既可以是企业内部制定的打样标准，也可以是通用的标准印刷规范，如 SWOP、SNAP、GRACoL 等，现在比较流行的是 GRACoL 7 规范。印刷机的校准主要包括以下两个步骤：

1）CTP 制版机的线性化

理想条件下，CTP 制版机接收到 PS 或 One-Bit-Tiff 文件后，输出的激光量应该与文件上不同图文部分的网点面积成正比，电子图像上像素的灰度值与网点大小应该是一一对应的线性关系，例如，电子文件中 50% 的点子，在印版上输出应该是 50%。但是，大部分设备实际输出效果并非如此，往往会呈现出一定程度的非线性，而这将直接影响到最终的印刷效果。因此，要对印刷机进行特性化，应先对 CTP 系统进行线性化。

对 CTP 系统进行线性化首先要确定最佳的显影条件，包括显影时间和显影温度。显影条件设定的正确与否直接关系到印版的密度、网点的正确再现和灰雾度的大小，这可根据冲洗套药的说明进行试验。确定最佳的显影条件后，在 CTP 系统中调出测试文件，将印版在合适的激光强度下对测试文件进行曝光，并在确定的显影条件下显影。最后测量输出印版的网点面积率，如图 5-16 所示，将测量值输入到 RIP 或相关软件的线性化设置对话框中，RIP 或相关软件会自动对网点进行校正。

图 5-16　CTP 线性化

CTP 线性化后，利用 CTP 系统输出 GRACoL 7 提供的校准印刷机的标准测试版，如图 5–17 所示。标准测试版中应包括两条 P2P 测试因子，其中包含了一次色、二次色、单色黑、和三色灰的阶调，如图 5–18 所示，互成 180° 放置，图 5–17 中的①所示；还应包括灰平衡色块，图 5–17 中的②所示，用来帮助寻找灰色的 CMY 网点组合；另外，还有 IT8 标准色表，图 5–17 中的③所示，用来制作印刷机特性文件，以及一些灰色条（三色灰和黑色灰）和标准测试图像等。

2）印刷机的校准

印版线性化后，采用 GRACoL 7 规范来校准印刷机，首先确保印刷机处于正常工作状态，然后选择符合 GRACoL 7 规范的标准纸张和油墨，要求纸张色度值为 $L^*=95 \pm 2$，$a^*=0.0 \pm 1$，$b^*=2 \pm 2$，印刷油墨标准见表 5–1。

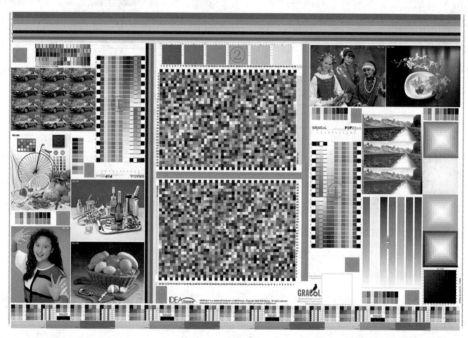

图 5–17　GRACoL 7 标准测试版

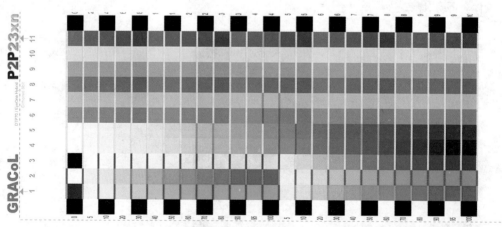

图 5–18　P2P 测试因子

印刷油墨标准　　　　　　　　　　　　　表 5-1

	纸白	C	M	Y	K	MY	CY	MC	CMY
L*	95	55	48	89	16	46.9	49.76	23.95	22
a*	0	−37	74	−5	0	68.06	−68.07	17.18	0
b*	−2	−50	−3	93	0	47.58	25.4	−46.11	0

选好纸张和油墨后，印刷 GRACoL 7 标准测试样张，印刷时，正确调节油墨性能、印刷压力、润版液 pH 值，环境温、湿度等，印刷色序建议采用 K–C–M–Y。印刷得到的样张要求实地密度达到表 5-2 的要求，CMY 三条网点增大曲线差值在 ±3% 以内，黑版控制在 3%~6%，如图 5-19 所示，整个印张均匀性好，灰平衡色块达到要求；将分光光度计的测量条件设为 D50，2°，测量印张上的几个中间调灰色区域 HR（50C、40M、40Y）的灰平衡值，标准的灰平衡值应为：a*=0.0（±1.0），b=−1（±2.0），在公差的范围内，调节 CMY 的实地油墨密度，以获得理想的色度值。

印刷实地密度要求　　表 5-2

GRACoL 印刷实地密度规范
Y：1：00 误差 ±0.1
M：1：50 误差 ±0.1
C：1：40 误差 ±0.1
K：1：75 误差 ±0.1

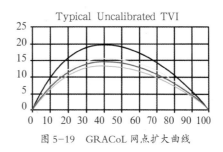

图 5-19　GRACoL 网点扩大曲线

按照 G7 色彩管理方法的规定进行严格印刷操作后，采用分光光度计测试样张上 P2P 图中的 CMY 三色叠印灰平衡数据和单色 K 数据，得到 NPDC（中性灰印刷密度）曲线（见图 5-20），通过曲线确定调整值，然后重新输出印版并进行印刷，并进行再次测试，得到新的 NPDC 曲线（见图 5-21），从图 5-21 可以看出，经过校准后的印刷机已达到了比较理想的工作状态。

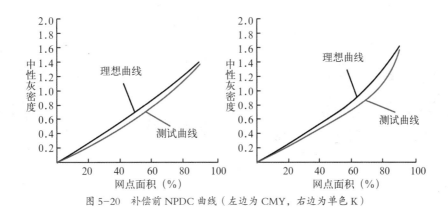

图 5-20　补偿前 NPDC 曲线（左边为 CMY，右边为单色 K）

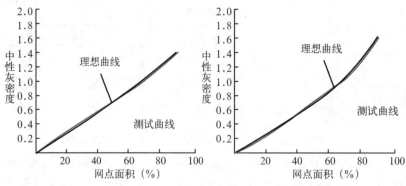

图 5-21　补偿后 NPDC 曲线（左边为 CMY，右边为单色 K）

5.2.2　印刷机特性文件的制作

印刷机特性文件的制作过程与数码印刷机非常相似，先连接 Eye-One 测量设备，然后运行 ProfileMaker 软件，选择制作印刷设备特性文件，在"Reference Data"下拉列表中选择"IT8.7-3 CMYK iCColor（A3）.txt"参考数据，在"Measurement Data"下拉列表中选择"Eye-One"测量工具，这时软件会提示对 Eye-One 进行校准，校正完后直接进入与图 5-10 相似的测量界面，只不过这次测量的色表是 IT8.7-3 标准色表，如图 5-22 所示。

测量完 IT8.7-3 标准色表后，将跳回到 ProfileMaker 软件中，进行特性化参数设置，如图 5-23 所示。

与数码打印机特性化一样，在"Profile Size"下拉列表中选择"Large"；在"Perceptual Rendering Intent"（可感知的再现意图）下拉列表中，一般选择"Paper-colored Gray"（相对于纸张的中性灰）；在"Gamut Mapping"下拉列表中选择"LOGO Classic"，保持明度关系同时不

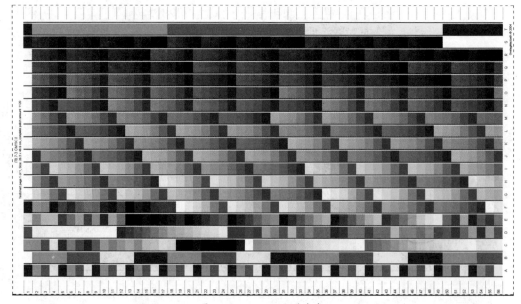

图 5-22　IT8.7-3 标准色卡

转换白点；在"Viewing Light Source"下拉列表中选择 D50；点击"Separation"，进行分色参数设置，如图 5-24 所示，在"Predefined"下拉列表中选择"Offset"，在"Separation"下拉列表中选择黑版的多少，选择"UCR"表示黑版墨量最小，选择"GCR4"则黑版墨量最大，在"Black Start"处设置黑版的起始点，还可以设置黑版墨量和总墨量限值等参数。

特性化参数设置完后，点击"Start"，软件就开始计算生成印刷机特性文件，并提示保存印刷机特性文件，如图 5-25 所示。

图 5-23　特性化参数设置

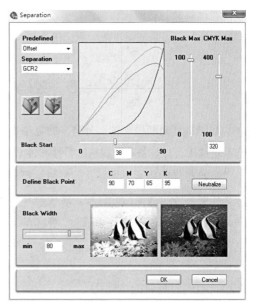

图 5-24　印刷机特性化分色参数设置

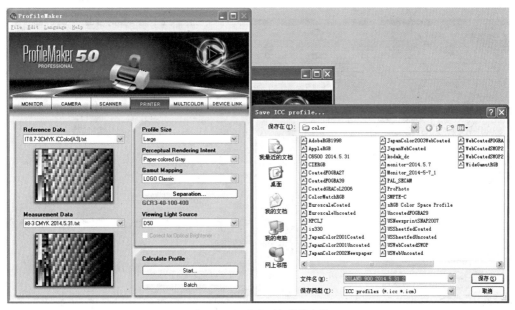

图 5-25　保存印刷机特性文件

5.2.3　印刷机特性文件的应用

印刷机特性文件可以应用在图像复制过程中的诸多环节，如图像的分色、数码打样输出、屏幕软打样输出等。

在图像分色过程中，利用印刷机特性文件可以将图像从其他颜色空间转换到印刷机的颜色空间进行印刷输出，这将在 PhotoShop 的色彩管理中进行介绍。

在数码打样输出时，印刷机特性文件可以作为源特性文件，用数码打样机模拟印刷输出效果，这将在数码打样的色彩管理中进行介绍。

在屏幕软打样时，印刷机特性文件也是作为源特性文件使用，显示器的特性文件为目标特性文件，用显示器来模拟印刷输出效果，这也将在 PhotoShop 的色彩管理中进行介绍。

5.3　数码打样的色彩管理

数码打样是利用高输出分辨率的宽幅面喷墨打印机来模拟最终的印刷效果，通过数码打样系统调用打样设备和印刷机的特性文件来进行颜色匹配。

数码打样的色彩管理需要分别制作打样机的特性文件和印刷机的特性文件，印刷机的特性文件制作方法前面已经介绍，这里只介绍打样机的特性文件制作方法，打样机的特性文件制作通常在数码打样系统中进行，如 GMGColorProof 和 EFI ColorProof XF，制作特性文件时，也需要先对打样机进行线性化。

5.3.1　数码打样机的线性化

以 EFI ColorProof XF 3.0 为例，运行 EFI 的服务器，打开 EFI Colorproof XFClient 程序，设置好线性化设备，将 Linerazation 工作流程设置为畅通的，流程中的箭头显示为绿色，如图 5-26 所示。

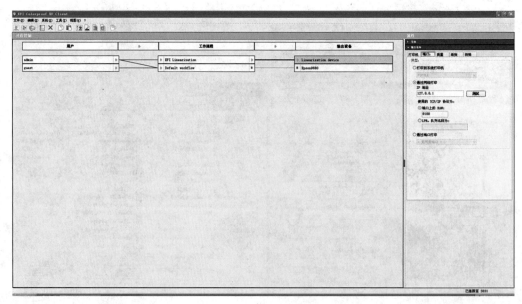

图 5-26　EFI 工作界面

将 Eye-One 测量设备与计算机连起来，然后点击界面工具栏中的"color manager"工具，进入 EFI 色彩管理工作界面，如图 5-27 所示。

在 EFI 色彩管理工作界面中选择"创建基础线性化"，将进入图 5-28 所示的打印机线性化参数设置界面。选择 Eye-One 作为测量设备，并设置打印输出分辨率、墨水类型、颜色模式、打印模式、纸张类型和抖动模式等。

参数设置完后，点击"下一个"，进入"每个通道的限量值"测量界面，如图 5-29（a）所示。以预定的 400 最大墨量打印测试图表，如果打印样张上出现墨水流动的情况，则需要适当降低墨量如 300，再打印色表，打印完，等样张彻底干燥后点击测量，测量完毕后将自动生成总墨水限量，如图 5-29（b）所示。

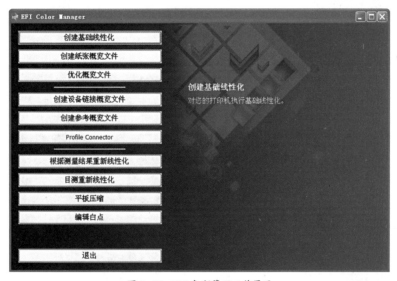

图 5-27 EFI 色彩管理工作界面

图 5-28 打印机线性化参数设置

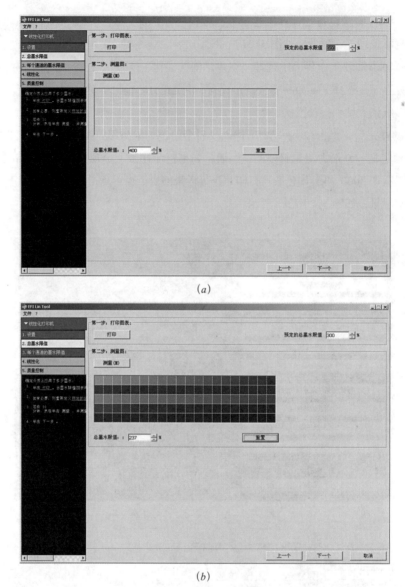

图 5-29　"总墨水限值"测量界面

点击"下一个"，进入图 5-30 所示的"每个通道的墨水限值"测量界面，先打印测试图表，等样张干燥后进行测量，测量结束后，点击"高级"，进入"墨水限值调整"界面，如图 5-31 所示，选择印刷机特性文件，可以根据需要调整各通道墨水限值。

"墨水限值调整"设置完后，点击"确定"退出，然后点击"下一个"，进入"线性化"测量界面，如图 5-32 所示，同理，先打印图表，再测量。

"线性化"测量结束后，点击"下一个"，进入"质量控制"测量界面，如图 5-33 所示，打印质量控制图表，并测量，测量完质量控制图表后可以创建一个线性化报告，如图 5-34 所示。点击"保存并完成"，可以保存制作完的基本线性化文件，它的默认路径为 E：\Program Files\EFI\EFI Colorproof XF 3.0\Client\Working。

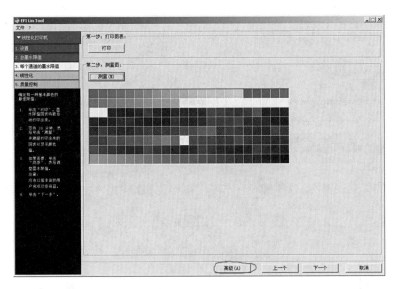

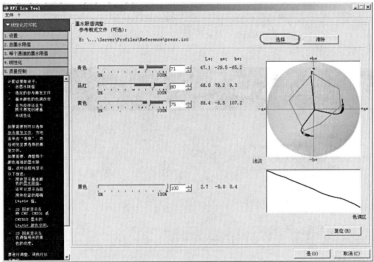

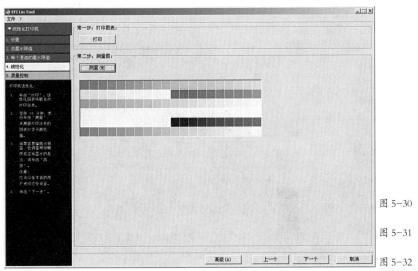

图 5-30

图 5-31

图 5-32

图 5-30 "每个通道的墨水
限值"测量界面
图 5-31 "墨水限值调整"
界面
图 5-32 "线性化"测量界面

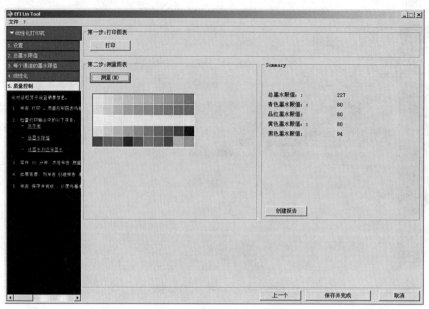

图 5-33 "线性化"测量界面

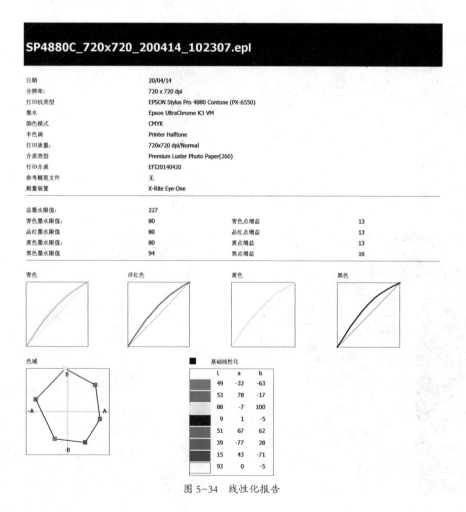

图 5-34 线性化报告

5.3.2　数码打样机特性文件的制作

打印机线性化结束后，可直接在 EFI 打样系统中制作基于打印介质的打样机特性文件，也可以利用 ProfileMaker 软件来制作打样机特性文件。

在图 5-27 所示的 EFI 色彩管理工作界面中，点击"创建纸张概览文件"，进入图 5-35 所示的界面，确保 Eye-One 已经与计算机正常连接，在基础线性化一栏选择已经创建的线性化文件。

基本设置完成后，点击"下一个"，进入"测量概览文件图表"界面，如图 5-36 所示，先打印图表，待打印图表彻底干燥后，使用 Eye-One 测量图表，测量结束后，点击"立即创建"，软件将自动生成基于打印介质的打样机特性文件，并保存在默认的文件夹中。

图 5-35　创建纸张概览文件界面

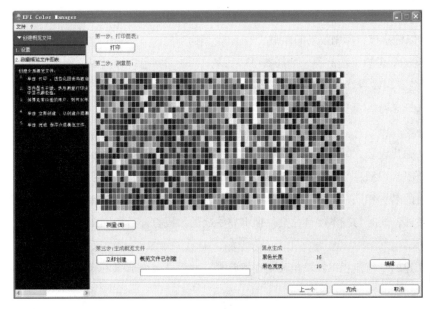

图 5-36　测量概览文件图表界面

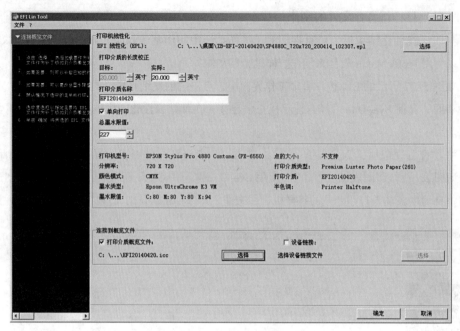

图 5-37　捆绑特性文件界面

制作完打样机特性文件后，在 EFI 色彩管理工作界面中选择"Profile Connector"，进入"连接概览文件"界面，如图 5-37 所示，分别选择基础线性化文件和做好的特性文件，将基础线性化文件与特性文件进行捆绑，使它们成为一个整体，保存到相应的文件夹中，代替以前基于打印介质的特性文件，以备后用。

5.3.3　数码打样机特性文件的应用

数码打样机特性文件制作完成后，在数码打样系统中通过调用数码打样机特性文件和印刷机特性文件就可以输出模拟印刷效果的样张。

首先，再创建一个新的工作流程，如图 5-38 所示，点选"颜色"选项卡，勾选上"颜色管理"，进行颜色管理设置，如图 5-39 所示，在源特性文件处选择印刷机的特性文件，着色意向根据需要选择是否需要模拟纸白，模拟特性文件处的设置作用与源特性文件一样，一般选择默认设置。

然后创建新的输出设备，并进行设置，在"质量"一栏中设置打印机线性文件和打印机特性文件，先选择墨水类型，然后在"纸张类型"下面选择纸张名称，注意纸张名称要与开始做基本线性化时的名称相同，选择正确的纸张名称后，在下面的 EFI 校准集中就会出现制作的基本线性化文件，同时与基本线性化文件捆绑在一起的数码打样机特性文件就会自动选择上，如图 5-40 所示。

最后将用户新建的工作流程以及输出设备连接起来，并将开关变成绿色就可以进行数码打样样张输出了。

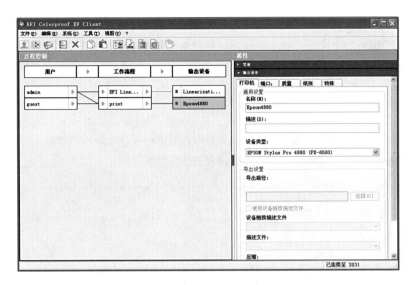

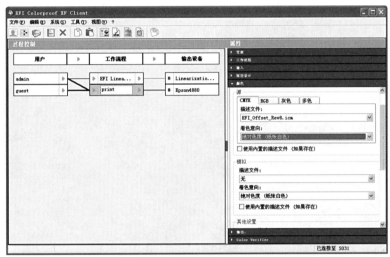

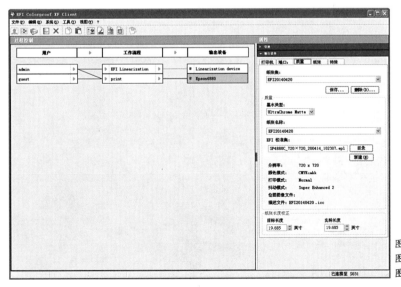

图 5-38

图 5-39

图 5-40

图 5-38 创建新的工作流程
图 5-39 进行颜色管理设置
图 5-40 输出设备设置

项目小结

本项目介绍了数码印刷机的线性化过程、特性文件的制作与应用方法，并介绍了如何制作传统印刷机和数码印刷机的特性文件，以及如何在数码打样工作流程中输出能够模拟最终印刷效果的打样样张。

课后练习

1）制作数码印刷机的特性文件，并利用它进行图像输出，保证图像颜色再现质量。

2）采用印刷测试版对印刷过程进行校准，并制作印刷机的特性文件。

3）利用 EFI 数码打样工作流程输出一个能模拟某一印刷机印刷效果的打样样张。

项目六 操作系统与应用软件的色彩管理

项目任务

1）对所用的操作系统进行正确的色彩管理设置；

2）对图像处理软件以及排版软件进行正确的色彩管理设置，以保证图像在处理与输出时颜色的准确性。

重点与难点

1）WCS 色彩管理流程；

2）Windows 7 的色彩管理设置；

3）PhotShop 中的色彩管理设置。

建议学时

8 学时。

随着色彩管理技术的不断推广，色彩管理已经成为很多操作系统和应用软件的重要组成部分，操作系统与应用软件的色彩管理之间有时可能会存在隐性的联系，甚至有时候会发生冲突，因此，有必要了解它们的色彩管理方法。

6.1　操作系统的色彩管理

操作系统的色彩管理系统通常有两类，微软的 ICM、WCS 色彩管理系统和苹果的 Colorsync 色彩管理系统，通常情况下，一般的用户很少直接使用操作系统的色彩管理，由于操作系统的色彩管理设置比较简单，这里只介绍一下现在微软的 Windows 7 系统中使用的 WCS（Windows Color System）色彩管理系统。

6.1.1　WCS 色彩管理的基本原理

与基于 ICC 的色彩管理技术不同的是，WCS 色彩管理系统采用 CIECAM02 色貌模型作为色域映射的标准色彩空间，可以在一个确定的环境下再现不同观察条件的颜色属性。在 WCS 中分别使用了三种特性文件：设备模型特性文件、色貌模型特性文件和色域映射模型特性文件。WCS 采用基于测量数据的设备模型特性文件来描述设备的色彩响应特性，使设备的特性化更加简单；对于源设备和目标设备所在的观察条件，WCS 采用专门的色貌模型特性文件来进行描述；而色域映射模型特性文件则描述了色彩转换时的色域映射方式。而且，WCS 具有很好的兼容性，支持基于 ICC 的工作流程，并对其进行了改善，但在 WCS 中，颜色转换是通过颜色模型和转换引擎 CITE（Color Infrastructure and Translation Engine）来实现的。

基于 ICC 的色彩管理系统的工作流程包括设备校正、设备特性化以及色彩转换三个步骤，WCS 的工作流程与基于 ICC 的色彩管理工作流程虽有着明显的区别，但同样也包含三个步骤（图 6-1）：

1）建立设备、视觉条件和色域映射模型的特性文件，包括设备 A 的模型特性文件、设备 A 的色貌模型特性文件、色域映射模型 C 特性文件、设备 B 的模型特性文件和设备 B 的色貌

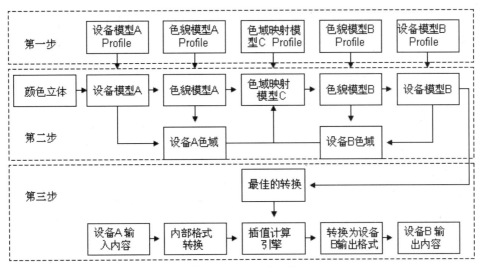

图 6-1 WCS 工作流程

模型特性文件。

2）利用特性文件确定设备 A 和 B 的色域范围，然后利用颜色模型和转换引擎 CITE 以及插件扩展程序在两色域间建立一个最佳的颜色转换。就如基于 ICC 的色彩管理系统中的 CMM 一样，CITE 是 WCS 的核心，负责将源设备颜色转换为目标设备颜色。

3）CITE 将建立的颜色转换应用到设备 A 输入的图像中，建立准确的可供输出设备 B 输出的图像文件。

6.1.2 Windows 7 系统的色彩管理

在 Windows 7 的桌面上右击，在弹出的菜单中选择"屏幕分辨率（C）"，将进入如图 6-2 所示的屏幕分辨率设置界面，点击"高级设置"，在新弹出的界面中点击"颜色管理"选项卡，

图 6-2 屏幕分辨率设置界面

如图 6-3 所示，然后点击"颜色管理（M）"，即可进入 Windows 7 系统的色彩管理设置界面，如图 6-4 所示。

在图 6-4 中，点击"设备"选项卡，可以为计算机的显示器以及连接到这台计算机上的其他设备选择特性文件，先在"设备"一栏中，选择要设置特性文件的设备，然后点击左下方的"添加"，即可为选中的设备添加特性文件。

在图 6-4 中，点击"所有配置文件"选项卡，则可查看系统所有的特性文件，如图 6-5 所示，在这里可以对系统特性文件进行管理，既可以删除已有的特性文件，也可以继续添加新的特性文件。

在图 6-4 中，点击"高级"，将弹出如图 6-6 所示的高级设置界面，在这里可以更改系统默认的设备特性文件、观察条件特性文件，还可以更改系统默认的不同图像的再现意图。点击"校准显示器"还可以对显示器进行校准。

图 6-3　颜色管理选项卡

图 6-4　色彩管理设置界面

图 6-5　WCS 的特性文件管理

图 6-6　WCS 的高级设置

6.2　图像处理软件的色彩管理

在 PhotoShop 中有多个菜单可以执行色彩管理操作，如"颜色设置"、"指定配置文件"、"转换为配置文件"、"校样颜色"等。

6.2.1　颜色设置

在 PhotoShop 中利用"编辑 / 颜色设置"菜单可以打开如图 6-7 所示的颜色设置界面。在界面"设置"处的下拉列表中可以选择预定的色彩管理集合，在这里选择一个色彩管理集合后，下面的各项设置就不需要再单独设置了，如果这里没有适合的色彩管理集合，则选择"自定"。在"工作空间"处，可以分别设置不同色彩模式的特性文件；在"色彩管理方案"处，可以设置打开不同色彩模式图像文件时的色彩管理方式；在"转换选项"处，可以选择色彩转化引擎和再现意图；在"高级控制"处，可以设置当图像色域比显示器大时，通过降低显示器色彩饱和度的方式来解决有些不同颜色显示后没有差别的问题，还可以让用户选择是否采用伽玛值混合 RGB 颜色。

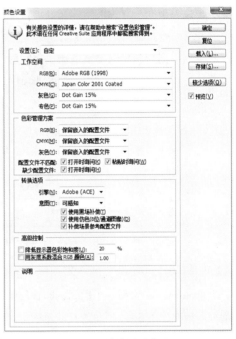

图 6-7　颜色设置界面

6.2.2　指定配置文件

通过菜单"编辑 / 指定配置文件"可以打开图 6-8 所示的界面，这里有三个选项，可以选择不进行色彩管理，也可以将图像的特性文件指定为"颜色设置"界面中设置的工作空间的特性文件，还可以将某一设备的特性文件指定为图像特性文件。

图 6-8　指定配置文件

6.2.3　转换为配置文件

通过菜单"编辑 / 转换为配置文件"可以将一幅图像从源颜色空间转换到目标颜色空间，如图 6-9 所示，在目标颜色空间下拉菜单中选择目标颜色空间的特性文件，并可以在下面的"转换选项"中选择色彩管理引擎、再现意图、是否进行黑场补偿，以及是否使用仿色。

图 6-9　转换为配置文件

6.2.4　屏幕软打样

　　如果有高质量的显示器、标准的室内照明条件，以及准确的显示器和印刷机的特性文件，就可以利用 PhotoShop 的屏幕软打样功能在屏幕上模拟图像文件在特定输出设备上的输出效果。通过菜单"视图 / 校样设置"，打开屏幕打样设置界面，如图 6-10 所示。可以在"要模拟的设备"下拉列表中选择要模拟的设备的特性文件，如果所选的特性文件与当前图像文件的颜色模式一样，比如都是 RGB 或 CMYK，那么"保留颜色数"将可选，选中它后，屏幕显示将会模拟在不对当前图像文件进行颜色空间转换情况下，图像文件的颜色数据在上述输出设备空间特性文件所代表的色空间中的颜色外貌。若不选，屏幕显示将会模拟当前图像文件的颜色数据转换到输出设备颜色空间后的颜色外貌。转换时可以在"渲染方法"下拉列表中选择再现意图，还可以在后面的选项中选择是否进行黑场补偿、模拟纸白和模拟黑墨。

图 6-10　屏幕软打样设置

6.2.5　打印

　　PhotoShop 中最后一个用到色彩管理的地方就是进行图像文件的输出，选择"文件 / 打印"菜单，将弹出图 6-11 所示的打印对话框。

　　在"色彩管理"区域可以对源颜色空间进行设置，选择"文档"将以图像文件当前关联的特性文件为源颜色空间，这样可以模拟当前图像文件在"颜色处理"区域选定的打印颜色空间的效果；选择"校样"将以当前图像文件在打样设置中指定的校样特性文件（比如某一

图 6-11

印刷机的特性文件）作为源颜色空间，因此这样可以通过打印机来模拟图像文件在特定印刷机颜色空间的输出效果，从而实现数字打样。

在"颜色处理"区域的下拉列表中选择让 PhotoShop 来处理颜色，在"打印机配置文件"下拉列表中选择当前打印机的特性文件，然后在"再现意图"下拉列表中选择再现意图，还可以在后面的"校样设置"区域选择是否进行黑场补偿。

6.3　排版软件的色彩管理

这里以常用的排版软件 Adobe InDesign 为例来介绍排版软件的色彩管理。由于都是 Adobe 公司的产品，InDesign 的色彩管理设置有些内容和 PhotoShop 是相同的，但也有很多不同的地方。

6.3.1　颜色设置

与 PhotoShop 一样，利用"编辑 / 颜色设置"菜单可以打开颜色设置界面，如图 6-12 所示，但 InDesign 的颜色设置没有那么多的选项。在界面"设置"处的下拉列表中可以选择预定的色彩管理集合，这与 PhotoShop 是相同的；"工作空间"处只有 RGB 和 CMYK 颜色空间的设置，如果没有勾选"高级模式"，则 RGB 和 CMYK 颜色空间的特性文件的选择只有默认的选择，选择了"高级模式"后，RGB 和 CMYK 颜色空间的特性文件列表中会显示所有安装的特性文件；"颜色管理方案"中的 CMYK 处多了"保留颜色值"选项；"转换选项"中的选项设置含义与 PhotoShop 一样。

6.3.2　指定配置文件

在 InDesign 中，也可以为页面中处理的对象指定特性文件，执行"编辑 / 指定配置文件"，则会弹出图 6-13 所示的设置界面，与 PhotoShop 不同的是，这里要对 RGB 和 CMYK 颜色分别进行指定，而且还可以为 InDesign 中不同的对象设置再现意图。

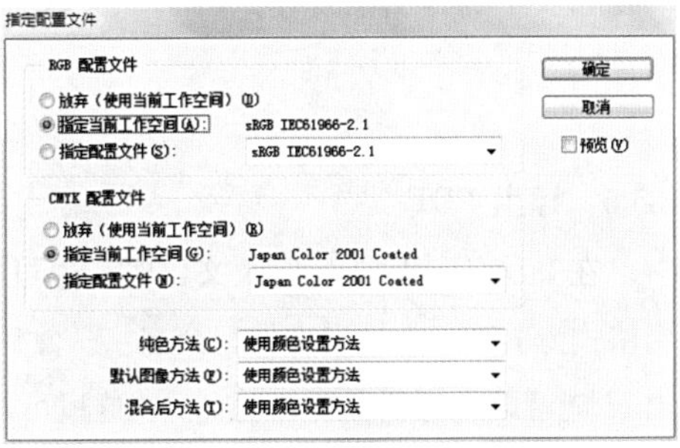

图 6-12　颜色设置界面

6.3.3　转换为配置文件

执行"编辑 / 转换为配置文件"，将会弹出图 6-14 所示的界面，这里可以为所有的对象执行一个从文件的特性文件到所选目标特性文件的转换。

图 6-13　指定配置文件设置界面

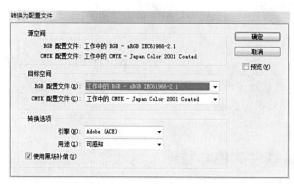

图 6-14　转换为配置文件设置界面

图 6-15　校样设置选项

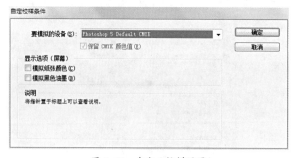

图 6-16　自定义校样设置

6.3.4　屏幕软打样

在 InDesign 中，也可以通过屏幕来模拟图像在特定输出设备上的外观。选择"视图 / 校样设置"，会出现图 6-15 所示的三个选项，选择"文件中的 CMYK"，屏幕上将显示文件中嵌入的 CMYK 特性文件的效果，选择"工作中的 CMYK"则显示由 InDesign "颜色设置"中设置的 CMYK 特性文件的效果，选择"自定"，则弹出图 6-16 所示的界面，在"要模拟的设备"处选择要模拟设备的特性文件，勾选"保留 CMYK 颜色值"，将保持文件中的 CMYK 值不变化，勾选"模拟纸张颜色"，将根据校样特性文件，模拟实际纸张的颜色，勾选"模拟黑色油墨"将根据校样特性文件模拟实际印刷的黑色，当模拟多色套印效果时，需通过"视图 / 叠印预览"菜单选中"叠印预览"命令，这样可以预览传统印刷的叠印效果。

6.3.5　打印

为了保证打印输出达到预期的效果，利用 InDesign 进行文件打印时，也需要进行色彩管理设置，执行"文件 / 打印"命令，将弹出图 6-17 所示的打印设置界面。在"色彩管理"区域可以对源颜色空间进行设置，选择"文档"将以普通方式打印输出；选择"校样"将以数码打样的方式输出。

在"颜色处理"区域的下拉列表中选择让 InDesign 来处理颜色，在"打印机配置文件"下拉列表中选择当前打印机的特性文件，还可以再选择"保留 RGB 颜色值"和"模拟纸张颜色"。

6.3.6　导出 PDF

在 InDesign 中导出 PDF 文件时，也可以进行色彩管理设置，执行"文件 / 导出"，选择导出格式为 PDF，为导出文件起个名字，然后点"保存"，则弹出图 6-18 所示的界面，点击"输出"，就可以进行色彩管理设置，在这里可以进行颜色转换设置，可以选择"无颜色转换"、"转换为目标配置文件"或"转换为目标配置文件（保留颜色值）"。

图 6-17　打印设置界面

图 6-18　导出 PDF 色彩管理设置

项目小结

本项目介绍了如何对 Windows 7 操作系统、图像处理软件 PhotoShop 以及排版软件 InDesign 进行正确的色彩管理设置，以保证图像处理、显示以及输出过程的颜色准确性。

课后练习

1）对你的计算机操作系统进行色彩管理。

2）对 PhotoShop 进行正确的色彩管理设置，以保证利用它进行图像处理的颜色准确性。

3）对 InDesign 进行正确的色彩管理设置，以保证图像输出的颜色准确性。

COLOR MANAGEMENT IN PRINTING

参考文献

[1]   刘浩学. 色彩管理 [M]. 北京：电子工业出版社，2005.

[2]   刘武辉. 印刷色彩管理 [M]. 北京：化学工业出版社，2011.

[3]   王旭红，杨玉春等. 色彩管理操作教程 [M]. 北京：化学工业出版社，2013.

[4]   金洪勇. 新一代色彩管理系统 WCS 概观 [J]. 印刷工业，2007.

[5]   金洪勇. 如何做好数码打样的色彩管理 [J]. 印刷工业，2006（4）.

[6]   金洪勇. PhotoShop CS2 中的色彩管理解析 [J]. 印刷工业，2007.

[7]   金洪勇. ICC 特性文件结构与工作原理解析 [J]. 印刷工业，2008.

[8]   金洪勇. 印刷过程中基于 ICC 的色彩管理实施方法 [J]. 印刷杂志，2007（6）.

[9]   金洪勇. 色彩管理，敢问路在何方？[J]. 数码印刷，2006（10）.

[10]   Kelvin Tritton. Color control in Lithography[M]. Pira Intenational Ltd，2004.

[11]   Sharma Abhay. Understanding Color Management[M]. New York，Thomson，2004.